"十四五"职业教育国家规划教材

三维数字化设计与3D打印

（高职分册）

U0379681

主　编	胡宗政	王方平	
副主编	杨开怀	张　磊	
参　编	张　静	蒋三生	翟富林
	周　强	李大荣	丁双喜
主　审	闫学文		

机械工业出版社

本书是"十四五"职业教育国家规划教材。主要内容包括三维数字化逆向设计与3D打印技术基础，入门项目案例，强化项目案例，逆向建模拓展项目案例。本书以案例为导向，引入 Geomagic Wrap 点云处理，Geomagic Design X 正、逆向建模，Geomagic Control X 三维检测等软件，详细介绍了三维数字化设计与3D打印的工作流程与应用技巧。本书语言简练，图文并茂，操作性强。

本书配有丰富的教学案例资源，配备了三维数字化设计与3D打印仿真教学实训平台（体验版）、多媒体教学课件、案例操作视频、课程教学方案、教学计划以及案例练习的数据模型，并在重要知识点处以二维码的形式链接了操作视频，增加了教学的实用性和适用性。

本书可作为高等职业院校智能制造相关专业的教学用书，也可作为相关工程技术人员的参考用书。

为方便教学，本书配有相关操作视频和数据文件等教学资源，读者可登录 www.cmpedu.com 网站或 www.world3d.com.cn 网站免费下载。

图书在版编目（CIP）数据

三维数字化设计与3D打印：高职分册/胡宗政，王方平主编. —北京：机械工业出版社，2020.3（2025.1重印）

智能制造类产教融合人才培养系列教材

ISBN 978-7-111-64726-3

Ⅰ.①三… Ⅱ.①胡…②王… Ⅲ.①立体印刷-印刷术-高等职业教育-教材 Ⅳ.①TS853

中国版本图书馆 CIP 数据核字（2020）第 025980 号

机械工业出版社（北京市百万庄大街22号　邮政编码100037）

策划编辑：齐志刚　责任编辑：王莉娜　赵文婕　齐志刚

责任校对：王明欣　封面设计：张　静

责任印制：邓　博

北京盛通数码印刷有限公司印刷

2025 年 1 月第 1 版第 11 次印刷

184mm×260mm・11.25 印张・261 千字

标准书号：ISBN 978-7-111-64726-3

定价：40.00 元

电话服务　　　　　　　　网络服务

客服电话：010-88361066　机 工 官 网：www.cmpbook.com

　　　　　010-88379833　机 工 官 博：weibo.com/cmp1952

　　　　　010-68326294　金 书 网：www.golden-book.com

封底无防伪标均为盗版　机工教育服务网：www.cmpedu.com

关于"十四五"职业教育
国家规划教材的出版说明

为贯彻落实《中共中央关于认真学习宣传贯彻党的二十大精神的决定》《习近平新时代中国特色社会主义思想进课程教材指南》《职业院校教材管理办法》等文件精神，机械工业出版社与教材编写团队一道，认真执行思政内容进教材、进课堂、进头脑要求，尊重教育规律，遵循学科特点，对教材内容进行了更新，着力落实以下要求：

1. 提升教材铸魂育人功能，培育、践行社会主义核心价值观，教育引导学生树立共产主义远大理想和中国特色社会主义共同理想，坚定"四个自信"，厚植爱国主义情怀，把爱国情、强国志、报国行自觉融入建设社会主义现代化强国、实现中华民族伟大复兴的奋斗之中。同时，弘扬中华优秀传统文化，深入开展宪法法治教育。

2. 注重科学思维方法训练和科学伦理教育，培养学生探索未知、追求真理、勇攀科学高峰的责任感和使命感；强化学生工程伦理教育，培养学生精益求精的大国工匠精神，激发学生科技报国的家国情怀和使命担当。加快构建中国特色哲学社会科学学科体系、学术体系、话语体系。帮助学生了解相关专业和行业领域的国家战略、法律法规和相关政策，引导学生深入社会实践、关注现实问题，培育学生经世济民、诚信服务、德法兼修的职业素养。

3. 教育引导学生深刻理解并自觉实践各行业的职业精神、职业规范，增强职业责任感，培养遵纪守法、爱岗敬业、无私奉献、诚实守信、公道办事、开拓创新的职业品格和行为习惯。

在此基础上，及时更新教材知识内容，体现产业发展的新技术、新工艺、新规范、新标准。加强教材数字化建设，丰富配套资源，形成可听、可视、可练、可互动的融媒体教材。

教材建设需要各方的共同努力，也欢迎相关教材使用院校的师生及时反馈意见和建议，我们将认真组织力量进行研究，在后续重印及再版时吸纳改进，不断推动高质量教材出版。

机械工业出版社

前　言

　　三维数字化设计与3D打印已成为产品快速开发的一种重要手段，被广泛应用于家电、汽车、航空航天、生物医学、建筑和艺术等领域。随着越来越多的企业将三维数字化设计技术引入产品开发，企业对具备三维数字化设计与3D打印知识能力的高素质技术技能型人才的需求也日益迫切。

　　本书在编写过程中以应用技术操作为重点，关注前沿性技术的最新发展，结合技术理论与实际操作，从应用能力要求出发，遵循"案例驱动、任务引领"的高等职业院校课程教学理念，以教育部全国高职院校技能大赛"工业产品数字化设计与制造"（前身：三维建模数字化设计与制造）、全国机械职业院校教师大赛"三维逆向建模与创新设计"赛项的比赛流程为主线，将三维数字化设计与3D打印技术技能穿插在案例设计过程中，其功能指令的讲解言简意赅，通俗易懂。

　　本书的特点如下：

　　1. 以真实的全国职业技能大赛案例和实际工作流程为载体，强调三维数字化设计技术、技能的培养。

　　2. 精选了全国职业技能大赛（教育部全国高职院校技能大赛"工业产品数字化设计与制造"赛项、全国机械职业院校教师大赛"三维逆向建模与创新设计"赛项）的经典案例，案例的逆向设计思路具有代表性。

　　3. 操作步骤明晰，内容由简到繁、易教易学、序化适当，能够实现"零起点开始，高技术实现"的效果。

　　4. 按照推进教育数字化的要求，新增了二维码链接的视频，供师生教学、学习参考。

　　本书由胡宗政、王方平任主编，杨开怀、张磊任副主编，张静、蒋三生、翟富林、周强、李大荣、丁双喜参与编写。全书由北京三维天下信息技术有限公司总经理闫学文主审，并负责统稿、定稿。北京三维天下信息技术有限公司的技术人员和职业院校骨干教师为本书提供了专业的指导和帮助，在此一并表示衷心的感谢！

编　者

二维码索引

目　录

第一篇

三维数字化逆向设计与 3D 打印技术基础

单元一　逆向工程技术简介

逆向工程（Reverse Engineering, RE）也称反求工程，其思想最初来自从油泥模型到产品实物的设计过程。它改变了 CAD 系统从图样到实物的传统设计模式，为产品的快速开发设计提供了一条新途径。逆向工程技术并不是简单意义上的仿制，而是综合应用现代工业设计的理论方法，结合工程学、材料学和相关的专业知识进行系统分析，运用各种专业人员的工程设计经验和创新思维，对已有产品进行剖析、深化和再创造，是对已有设计进行的再设计，这就是逆向工程技术的含义。需要特别强调的是，再创造是逆向设计的核心。

作为产品设计制造的一种手段，在 20 世纪 90 年代初，逆向工程技术开始引起各国工业界和学术界的高度重视。从此，有关逆向工程技术的研究和应用受到政府、企业和研究者的关注，特别是随着现代计算机技术及测试技术的发展，逆向工程技术已成为 CAD/CAM 领域的一个研究热点，并逐步发展成为一个相对独立的技术领域。

传统的产品设计（正向设计）通常是从概念设计到创建三维数字模型、再到产品的制造生产。而产品的逆向设计与此相反，它是根据零件（或者原型）生成三维数字模型，经过创新，再制造出产品。它是一种以实物、样件、软件或者影像作为研究对象，应用现代设计方法学、生产工程学、材料学和有关专业知识进行系统的分析和研究，探索并掌握其关键技术，进而开发出同类的更为先进的产品的技术，是为消化、吸收先进技术而采取的一系列分析方法和应用技术的结合。广义的逆向工程技术包括影像逆向、软件逆向和实物逆向等。目前，大多数有关逆向工程技术的研究和应用都集中在几何形状，即重构产品实物的三维数字模型和最终产品的制造方面，称为实物逆向工程。正向设计与逆向设计的工作流程对比如图 1-1 所示。

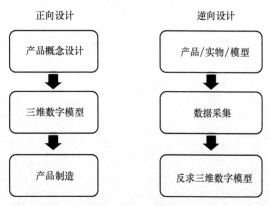

图 1-1　正向设计与逆向设计的工作流程对比

实物的逆向工程是从实物样件获取产品数据模型并制造得到新产品，即"从有到新"的过程。在这个意义下，实物逆向工程（简称逆向工程）技术是将实物转变为三维数字模型的数字化技术、几何模型重构技术和产品制造技术的总称，是将已有产品或者实物模型转化为工程设计模型和概念模型，在此基础上对已有产品进行剖析、深化和再创造的过程。当前，国内外对逆向工程技术的研究主要集中在将实物转变为三维数字模型的数据采集技术及几何模型重构技术方面。

实物逆向工程技术的产生背景主要有两个方面：一是作为研究对象，产品实物是面向消费市场最广、数量最多的一类设计成果，也是最容易获得的研究对象；二是在产品开发和制造过程中，虽已广泛应用了计算机辅助设计技术（三维几何造型技术），但是由于种种原因，仍有许多产品最初无法应用计算机辅助设计技术进行模型描述，设计和制造者面对的是实物模型。例如，在汽车、航天等工业领域中复杂外形的设计，目前仅应用 Auto CAD 软件还很难满足设计的要求，仍然需要采用由黏土、木头、油泥或者石膏等制成的手工模型，对模型进行评估，评估通过后再应用逆向工程技术将实物模型转化为三维数字模型，实现设计对象的数字化，从而建立起产品的数字化模型。

以汽车仪表盘的逆向设计开发为例，其过程经历了最初的核心设计概念、油泥模型的制作、利用测量仪测量获得的实物数据、再根据实物数据进行模型重构与结构设计、最后再制造出产品这样几个阶段。

单元二 逆向工程技术与 3D 打印技术的主要流程

逆向工程技术的工作流程，一般包括实物的数据采集、数据处理、逆向建模和模型制造等阶段，如图 1-2 所示。

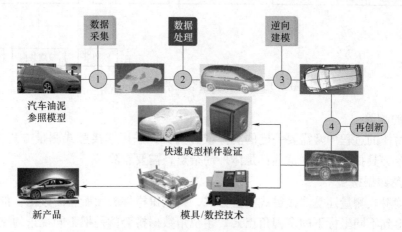

图 1-2 逆向工程技术的工作流程

逆向工程的关键技术包括数据采集、数据处理、三维数字模型重构等。

第一节 数据采集与数据处理

一、数据采集

数据采集是指通过特定的测量方法和设备，将物体表面形状转化成几何空间坐标点，从而获取逆向建模以及尺寸评价所需数据的过程。数据采集是逆向工程的第一步，是非常重要的阶段，也是后续工作的基础。数据采集设备操作的方便程度、获得数据的准确性及完整性是衡量测量设备的重要指标，也是保证后续工作高质量完成的重要前提。

目前，产品三维数据的获取主要通过三维测量技术实现，通常采用三坐标测量机（CMM）、三维激光扫描仪、结构光三维扫描仪等获取样件的三维表面坐标值。数据采集的精度除了与扫描设备的精度有关外，还与扫描软件的精确度有关。因此，实现对样件表面高效率、高精度的数据采集，一直是逆向工程技术的主要研究内容之一。按照采集方式的不同，可将三维数据获取技术方式进行图 1-3 所示的分类。

二、数据处理

数据处理的关键技术包括杂点的删除、多视角数据拼合、数据简化、数据填充和数据平滑等，可为曲面重构提供有用的三角面片模型或者特征点、线、面。

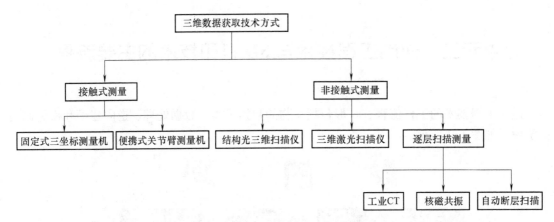

图 1-3 三维数据获取技术方式的分类

1. 杂点的删除

在测量物体的过程中常需要一定的支撑或者夹具，采用非接触式测量方式进行测量时，会把支撑或者夹具扫描进去，这些都是体外的杂点，需要删除。

2. 多视角数据拼合

无论是接触式测量还是非接触式测量方式，要获得样件表面所有的数据，都需要进行多方位扫描，得到不同坐标下的多视角点云。多视角数据拼合就是把不同视角的测量数据对齐到同一坐标下，从而实现多视角数据的合并。数据对齐方式一般有扫描中自动对齐和扫描后手动对齐。如果是扫描中自动对齐，一般必须在扫描件表面贴上专用的拼合标记点。数据测量设备自带的扫描软件一般有多视角数据拼合的功能。

3. 数据简化

当测量数据的密度很高时，例如光学扫描设备常会采集到几十万、几百万甚至更多的数据点，存在大量的冗余数据，会严重影响后续算法的效率，因此需要按一定要求减少数据量。这种减少数据的过程就是数据简化。

4. 数据填充

由于被测样件本身的几何拓扑原因或者在扫描过程中受到其他物体的阻挡，存在部分表面无法测量，所采集的三维数字化模型存在数据缺损的现象，因此需要对数据进行填充补缺。例如，可能无法测得某些深孔类零件的全部数据；在测量样件的过程中常需要一定的支撑或者夹具，样件与夹具接触的部分无法获得真实坐标数据。

5. 数据平滑

由于样件表面粗糙或者在扫描过程中发生轻微振动等原因，扫描的数据中包含一些噪音点，这些噪音点将影响曲面重构的质量。通过数据的平滑处理，可提高数据的光滑程度，改善曲面重构质量。

第二节 逆向建模

正向和逆向建模都是实现三维数字化建模的途径和方法。在项目实施过程中，通常使用逆向的方式完成较复杂曲面的造型，再使用正向的方式完成拆件及内部的装配结构，采用逆向和正向结合的方式完成整套产品的三维数字化模型，以供后续进行工程分析、生产制造。对于复杂产品的造型，正向设计的方法显示了它的不足，如设计、研发过程复杂，周期长、成本高等。由于设计者无法完全预估产品在设计过程中会出现的状况，甚至可能因为一些局部的问题而将整个方案的实施过程推倒重来，不管时间成本还是经济成本都是昂贵的。正是在这样的背景下，发展并形成了逆向设计的方法。

逆向设计通常是对正向设计所产生的产品原始模型或者已有产品进行改良。通过对产生问题的模型进行直接的修改、试验和分析，得到相对理想的结果，再对修正后的模型或者样件进行扫描和造型等一系列操作，得到最终的三维模型。采用逆向设计的方法所得到的产品模型有实际样品参与各种试验，因此得到的结果相对于概念化推算和计算机模拟更接近真实，从而能迅速找到产品的良好形态，并缩短产品开发周期。

三维模型重构是在获取了处理好的测量数据后，根据实物样件的特征重构出三维模型的过程。三维模型一般有以下两种重构方法：

1）对于表面复杂但精度要求较低的产品（如玩具、艺术品等）的逆向设计，常采用基于三角面片的方式直接建模。

2）对于表面复杂且精度要求较高的产品的逆向开发，常采用拟合曲面或者参数曲面的方式建模，以点云为依据，通过构建点、线、面等模型元素，还原初始三维模型。

三维模型重构是逆向工程技术后续处理的关键步骤，设计者不仅需要熟练掌握软件的操作方法，还要熟悉逆向造型的方法和步骤，并且要洞悉产品原设计者的设计思路，然后再结合实际情况进行创新。

第三节　三维数字化检测

三维数字化检测是集光、机、电和计算机技术于一体的高新技术，主要用于对物体空间外形和结构进行扫描，以获得物体表面的空间坐标，将实物的立体信息转换为计算机能直接处理的数字信号，为三维数字模型与实物的对比提供了方便、快捷的手段。虽然三维数字化检测技术一时还不能完全取代传统的检测方法，但检测工作的数字化、灵活化和智能化是未来发展的趋势。

三维数字化检测技术近年来蓬勃发展，常见的三维物体形状检测方法可以分为接触式和非接触式两大类。

一、接触式

接触式三维数字化检测技术是指在测量过程中，测量工具与被测工件表面直接接触而获得测点位置信息的测量方法。传统的测量机多采用触发式接触测头，每一次获取自由曲面上一点的 X、Y、Z 轴坐标值。这种测量方法的测量速度慢，而且很难测得较全面的曲面信息。20 世纪 90 年代初，国外一些著名的坐标测量机生产厂先后研制出了三维力-位移传感的扫描测头，这些测头能在曲面上进行滑动测量，可以连续获取工件表面的坐标信息，其扫描速度最高可达 8m/min，数字化速度最高可达 500 点/s，数字化精度可达 1μm。

接触式测量技术的优点在于技术成熟，有较高的精度和可靠性。其缺点在于需要使用特殊的夹具，致使成本过高，测头易磨损，测量速度慢，有接触变形、测头尺寸限制及补偿误差等。

在接触式测量技术中，目前广泛使用的测量设备有三坐标测量机（Coordinate Measurement Machine，CMM）、关节臂式测量机等。

二、非接触式

非接触式三维数字化检测技术是指在测量过程中，测量工具与被测工件表面不发生直接接触而获得测点位置信息的测量方法。典型的非接触式测量方法又可分为光学法和非光学法。光学法包括结构光法、激光三角法、激光测距法、干涉测量法和图像分析法等。其中，结构光法被认为是目前较成熟的三维形状测量方法。非光学法包括声学测量法、磁学测量法、X射线扫描法和电涡流测量法等。

1. 光学法

（1）结构光法　结构光法作为一种主动非接触式三维视觉测量新技术，在逆向工程质量检测、数字化建模等领域具有很大的优势，投影结构光法是结构光测量技术的典型应用。

1）基本原理：用投影仪将光栅投射于被测物体表面，光栅条纹经过物体表面形状调制后会发生变形，其变形程度取决于物体表面高度及投射器与相机的相对位置，再由接收相机拍摄其变形后的图像并交计算机依据系统的结构参数做进一步处理，从而获得被测物体的三维图像，其原理如图1-4所示。

2）特点：投影结构光法扫描速度极快，数秒内可得到上百万个数据点；每一次可获得一个面，测量点分布非常规则；数字化精度较高，可达0.03mm；单次测量范围为400mm×300mm×250mm（一般三维激光扫描仪的扫描宽度为50mm）；便携，可搬到现场进行测量；分块测量、不同视角的测量数据可拼合，非常适合各种大小不一和形状各异物体（汽车、摩托车外壳及内饰，家电产品，雕塑等）的测量；测量深度大

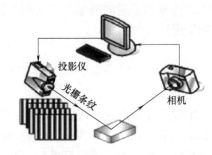

图1-4　投影结构光法三维测量系统原理图

（一般三维激光扫描仪的扫描深度为100mm左右，而采用结构光法测量技术进行测量的扫描深度可达300~500mm）。

（2）激光三角法　激光三角法是非接触式光学测量的重要形式，目前应用广泛，技术也比较成熟。

1）基本原理：由激光器发出的一束激光照射在待测物体表面上，通过反射后在检测器上成像。当物体表面的位置发生改变时，其所成的像在检测器上也发生相应的位移。利用像移和实际位移之间的关系式，通过对像移的检测和计算可得到物体的实际位移。激光三角法的测量原理如图1-5所示。

2）特点：激光三角法结构简单，测量速度快，数字化精度高，使用灵活，适合测量大尺寸和外形复杂的物体。但是激光不能照射到的物体表面无法使用激光三角法进行测量。同时，激光三角法的测量精度受环境和被测物体表面特性的影响比较大。

（3）激光测距法　激光具有良好的准直性和非常小的发散角，使仪器可以进行点对点的测量，激光测距法利用激光的这些特点，适合测量非常狭小和复杂的位置。

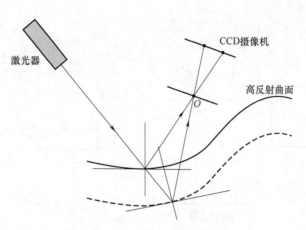

图 1-5　激光三角法的测量原理图

1）基本原理：激光信号从发射器发出，照射到物体表面后发生反射，反射后的激光信号沿基本相同的路径传至接收装置，接收装置依据激光信号从发出到接收所经过的时间或者相位的变化，就可以计算出激光测距仪到被测物体的距离。相位式激光测距法的原理如图 1-6 所示。

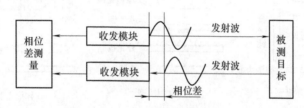

图 1-6　相位式激光测距法的原理框图

2）特点：激光测距法主要分为脉冲测距法和相位测距法两大类。脉冲测距法系统结构简单，探测距离远，但是传统的测距系统采用直接计数来测量光脉冲往返时间，数字化精度低。相位测距法系统结构相对复杂，但是其数字化精度较高，随着光电技术的快速发展，相位激光测距技术得到了优化和提升，已能满足超短距离和超高精度的测量需求。与此同时，测距仪朝着小型化、智能化的方向发展。

（4）干涉测量法　干涉测量法用测量光照射到被测表面，之后通过与参考光进行比较测得表面粗糙度值。

1）基本原理：常用的激光干涉仪是以激光为光源的迈克尔逊干涉仪，即光源射出的一束光由分光镜分为测量光和参考光，分别射向参考平面和目标平面，反射后的两束光在分光镜处重叠并相互干涉。当目标平面移动时，干涉图样的明暗条纹会变化相应的次数，并由光电计数器记下其变化次数，由此可计算出目标平面移动的距离。激光干涉测量法的原理如图 1-7 所示。

2）特点：按照光路不同，可将干涉测量法分为分光路干涉法和共光路干涉法两种类型。分光路干涉显微镜光路如图 1-8 所示。激光干涉测量法的特点是测量精度非常高，测量速度快，但测量范围受到光波波长的限制，不适合大尺寸物体的测量，也不适合测量凹凸变化大的复杂曲面，只能测量微小的位移变化。

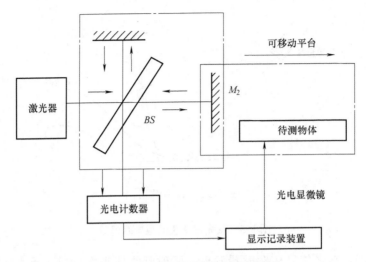

图 1-7 激光干涉测量法的原理框图

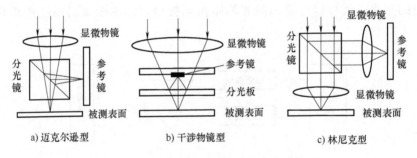

图 1-8 分光路干涉显微镜光路图

（5）图像分析法 图像分析法也称立体视觉法，其研究重点是物体的几何尺寸及物体在空间的位置和形态。

1）基本原理：图像分析法是基于视差原理获取物体表面的空间位置的检测方法。视差，即某一点在两幅图像中相应点的位置差，图像分析法通过该视差来计算距离，求得该点的三维坐标值。一般在一个或者多个摄像系统从不同方位和角度拍摄的物体的多幅二维图像中确定距离信息，形成物体表面形貌的三维图像。图像分析法属于被动三维测量方法，常常用于对三维目标的识别和物体的位置、形态分析，采用这种方法的系统结构简单，在机器视觉领域应用较广。图像分析法的基本几何模型如图 1-9 所示。

2）特点：立体视觉是通过移动或旋转的摄像机对同一场景拍摄多

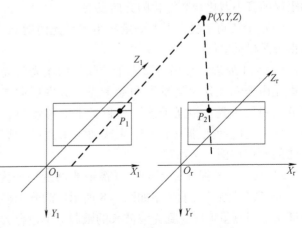

图 1-9 图像分析法的基本几何模型

幅图像，利用计算机计算空间点在两幅图像中的视差，获得该点的三维坐标值，如图 1-10 所示。一个完整的立体视觉系统通常包括图像采集、摄像机标定、特征提取、图像匹配、三维信息和恢复后处理 6 大部分。图像分析法广泛应用于航空测量设备的视觉系统中，双目、多目以及多帧图像序列等立体视觉问题已经成为国际学术研究的重点和热点。

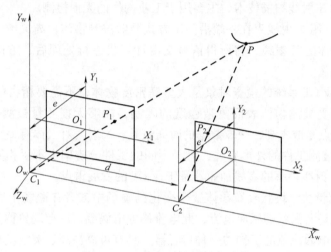

图 1-10　立体视觉三维测量原理

2. 非光学法

（1）声学测量法　声学测量法主要用于测距，其中的超声波测距技术应用比较广泛。以"波"作为检测手段，就必须发射和接收超声波。要求使用高频声学换能器，进行超声波的发射和接收。超声波的指向性很强，在固体介质中传播时能量损失小，传播距离远，因此常用于测量距离。

1）基本原理：已知超声波在某介质中的传播速度，当超声波脉冲通过介质到达被测面时，会反射回波，通过测量仪器测量发射超声波与接收回波之间的时间间隔，即可计算出仪器到被测面的距离。

2）特点：超声波测量速度快，灵敏度高，仪器体积小，数字化精度也能达到大部分工业应用的要求。传统的声学仪器大部分为模拟信号仪器，精度不高，稳定性和可靠性较差。数字化声学测量技术可以弥补传统声学仪器的缺点，而且具有容易升级更新，可获得很高的性能指标，存储数据方便等优点，被广泛采用。

（2）磁学测量法　磁学测量法是通过测量物体所在特定空间内的磁场分布情况，完成对物体外部或者内部参数的测量。核磁共振成像技术是磁学测量法的代表技术。

1）基本原理：利用核磁共振原理，在主磁场中附加梯度磁场，用特定的电磁波照射放入磁场中的被测物体，使物体内特定的原子核发生核磁共振现象，并释放射频信号，将这些信号送入计算机处理后，就能得知组成该物体的原子核的种类及其在物体内的位置，从而构建出该物体的内部立体图像。

2）特点：核磁共振成像技术成为研究高分子链结构的最主要手段。相比其他传统检测方法，核磁共振成像技术能够保持样品的完整性。同时在医学领域，该技术被广泛用于提取人体内部器官的三维轮廓，为医生制定医疗方案提供有力证据。但核磁共振成像技术的数字化精度依然不及高精度的机械测量技术，而且核磁共振成像技术的测量速度较慢，对被测物体也有材质和体积方面的要求。

（3）X射线扫描法　X射线是19世纪末20世纪初物理学的三大发现之一，标志着现代物理学的产生。CT（Computed Tomography），即计算机断层扫描，工业CT，即工业计算机断层扫描，它基于X射线扫描技术，主要用于工业构件的无损检测。

1）基本原理：用X射线束在一端沿一定方式照射被测物体，高灵敏度的检测器在另一端接收透过被测物体的X射线，将所得信号交由计算机进行处理后，重构出被测物体的三维图像或者断层图像。

2）特点：工业CT系统的检查对象是大型高密度物体，不需要精密的固定设备和其他前期处理措施，不受被测物体表面复杂程度的限制，能够无损测量被测物体的内外表面。X射线扫描法的缺点是成本高，获取数据的时间较长，X射线对人体有一定的危害。同时工业CT的分辨率与被测工件的外形有关，对于不同的工件分辨率也不尽相同。高灵敏度的检测器和用于提高X射线功率的直线加速器是工业CT的发展重点。

（4）电涡流测量法　块状金属导体置于变化的磁场中或者在磁场中做切割磁感线运动时，导体内将产生呈漩涡状的感应电流，此电流称为电涡流，以上现象称为电涡流效应。电涡流传感器是基于电涡流效应工作的一种传感器，具有可靠性高、灵敏度高、响应速度快等特点。

1）基本原理：传感器线圈通入交变电流后产生磁场，使块状金属导体产生感应电流，感应电流产生的磁场会削弱线圈产生的磁场，影响线圈的电感量。块状金属导体与线圈距离的变化引起感应电流的变化，相应地改变线圈的电感量，通过测量电感量的变化值，即可测出线圈与块状金属导体的距离。

电缆偏心测量装置就采用了电涡流测量法，其原理如图1-11所示。

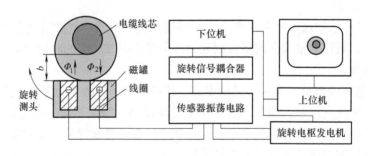

图1-11　电缆偏心测量装置的原理框图

2）特点：电涡流传感器体积小，连续工作时的稳定性强、可靠性高，能对位移、速度、应力、厚度、表面温度、材料损伤等进行非接触测量，特别是在高速运动机械的状态分析中应用较广。其中具有代表性的是电涡流测速传感器和电涡流厚度传感器。电涡流测量法的缺点是被测物体必须是具有一定厚度的金属导体且表面光滑，传感器线圈周围不允许有其他金属端面。

非接触式测量技术的优点在于测量速度快，不必做测头半径补偿，能够测量薄、软、不可接触的高精密工件。其缺点为数字化精度低，易受到环境的影响而使数据的噪音点变多。

第四节　3D打印技术概述

3D打印（3D Printing）技术是快速成型技术（Rapid Prototyping，RP）中的一种，是将三维模型数据通过成型设备以材料堆积累加的方式制成实物模型的技术。

3D打印技术以计算机三维设计模型为蓝本，通过软件分层离散和数控成型系统，利用激光束、电子束等方式将金属粉末、陶瓷粉末、塑料、细胞组织等特殊材料进行逐层堆积黏结，最终叠加成型，制造出实体产品。与传统制造业通过模具、车削、铣削等机械加工方式对原材料进行切削最终生产出成品不同，3D打印技术将三维实体变为若干个二维平面，以逐层叠加的方式进行生产，就如同盖楼房从地基建起，通过钢筋水泥的支撑、砖石灰沙的垒砌，最终建成一座高楼。比如利用3D打印技术打印一个乒乓球，先用材料打印出乒乓球体最下面的一个点，然后逐层打出小圈叠加在该点上，直到形成乒乓球体。

3D打印机就是可以"打印"出真实物体的一种装备，其原理与激光成型的设备相同，而与传统的去除材料加工技术完全不同。

单元三 三维数字化设计实施的条件

首先通过测量扫描仪以及各种先进的数据处理手段获得产品实物或者模型的数字信息，然后充分利用成熟的逆向工程软件或者正向设计软件，快速、准确地建立实体三维模型，经过工程分析和 CAM 编程加工出产品模型，最后制成产品，实现产品或者模型→再设计（再创新）→产品的开发流程，即逆向工程技术。逆向工程技术的实施条件包括硬件条件、软件条件和教学资源三大类。

第一节 硬件条件

逆向工程技术实施的硬件条件包含前期的三维扫描设备和后期的产品制造设备。产品制造设备主要有切削加工设备，以及近几年发展迅速的快速成型设备。

三维扫描设备为产品三维数字化信息的获取提供了硬件条件。不同的测量方式，决定了扫描的精度、速度和经济性，也造成了测量数据类型及后续处理方式的不同。数字化精度决定三维数字模型的精度及反求的质量；测量速度也在很大程度上影响反求过程的快慢。目前常用的测量方法在数字化精度和测量速度两个方面各有优缺点，并且有一定的适用范围，所以在应用时应根据被测物体的特点及对测量精度的要求选择对应的测量设备。这里介绍一款常用的结构光三维扫描仪——Win3DD 单目三维扫描仪，其结构如图 1-12 所示。

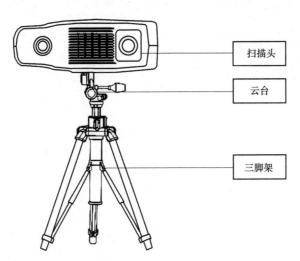

扫描头

云台

三脚架

图 1-12 Win3DD 单目三维扫描仪的结构组成

1. Win3DD 单目三维扫描仪的原理

Win3DD 系列产品是北京三维天下公司自主研发的高精度三维扫描仪，它依据激光三角法原理，由光源孔发射出一束水平的激光束来扫描物体。该激光束通过旋转平面镜改变角度，使得激光束发射到物体表面。物体表面反射激光束，每一条激光线都通过 CCD

（Charge-Coupled Device）传感器采集一帧数据。根据物体表面不同的形状，每条激光线反射回来的信息中包含了表面等高线数据。

2. Win3DD 单目三维扫描仪的特点

1）Win3DD 单目三维扫描仪在延续经典双目系列技术优势的基础上，在软件功能和附件配置上有了大幅提升，具有精度高、可靠性好的特点，能够快速、准确地进行单幅扫描。

2）Win3DD 单目三维扫描仪设有三维预览功能，可使用户预先评估测量结果，检查由于被测表面不平整等因素带来的扫描区域深度、死角角度等，大大减少了扫描错误。

3）先进的自动对焦功能，能够根据到被测物的距离、反射率等自动调整焦距和激光束的强度，多次对焦功能对于有深度的测量物可以得到高精度的数据。

4）全新的传感器和测量计算法提供了延伸的动态范围，可以测量有光泽的物体（例如金属）表面。

5）外观设计简洁轻便，结构设计紧凑、轻便，在工作环境中具有可移动性。

6）Win3DD 单目三维扫描仪操作简单、易学易用，受到逆向工程从业人员的青睐。

第二节　软 件 条 件

随着逆向工程及其相关技术理论研究的深入进行，其成果的商业应用也日益受到重视。在专用的逆向工程软件问世之前，三维数字模型的重构都依赖于正向的 CAD/CAM 软件，例如 UG、Pro/E、CATIA、Solid Works 等。由于逆向建模的特点，正向的 CAD/CAM 软件不能满足快速、准确的模型重构需要，伴随着对逆向工程及其相关技术理论的深入研究及其成果的广泛应用，大量的商业化专用逆向工程三维建模系统日益涌现。目前，市场上主流的逆向三维建模功能软件达数十种之多，具有代表性的有 Geomagic Studio、Imageware、RapidForm、CopyCAD 等。常用的 CAD/CAM 集成系统中也开始集成逆向设计模块，例如 CATIA 软件中的 DES、QUS 模块，Pro/E 软件中的 Pro/SCAN 功能，UG NX 3.0 软件已将 Imageware 集成为其专门的逆向设计模块。这些系统软件的出现，极大地方便了逆向工程设计人员，为逆向工程的实施提供了软件支持。下面就专用的逆向造型软件做概要的介绍。

1. Geomagic Wrap 软件

Geomagic Wrap 软件是美国 Geomagic 公司出品的逆向工程和三维检测软件，其数据处理流程为点阶段→多边形阶段→曲面阶段，可轻易地从扫描所得的点云数据创建出完美的多边形模型和网格，并可自动转换为 NURBS 曲面。Geomagic Wrap 软件可根据任何实体（例如零部件）自动生成准确的数字模型。Geomagic Wrap 软件可获得完美的多边形和 NURBS 模型；处理复杂形状或自由曲面形状时，速度比传统 CAD 软件提高十倍；自动化特征和简化的工作流程，可缩短学习时间。Geomagic Wrap 软件在数字化扫描后的数据处理方面具有明显的优势，受到使用者广泛青睐。本书选用的就是 Geomagic Wrap 家族系列产品，新版本的 Geomagic Design X 软件进行逆向工程设计。

2. Imageware 软件

Imageware 软件由美国 EDS 公司出品，是著名的逆向工程软件，正被广泛应用于汽车、航空、航天、日用家电、模具、计算机零部件等设计与制造领域。Imageware 软件采用 NURBS 技术，功能强大，处理数据的流程按照点→曲线→曲面原则，流程清晰，并且易于使用。Imageware 软件在计算机辅助曲面检查、曲面造型及快速样件成型等方面具有强大的功能。

3. Delcam CopyCAD Pro 软件

Delcam CopyCAD Pro 软件是世界知名的专业逆向/正向混合设计 CAD 系统，采用全球首个 Tribrid Modelling 三角形、曲面和实体三合一混合造型技术，集三种造型方式为一体，创造性地引入逆向/正向混合设计理念，成功地解决了传统逆向工程中不同系统相互切换、烦琐耗时等问题，为工程人员提供了人性化的创新设计工具，从而使"逆向重构＋分析检验＋外形修饰＋创新设计"在同一系统下完成，为各个领域的逆向/正向设计提供了快速、高效的解决方案。

4. Geomagic Design X 软件

Geomagic Design X 软件是全球四大逆向工程软件之一。Geomagic Design X 软件提供了新一代运算模式，多点云处理技术、快速点云转换成多边形曲面的计算方法、彩色点云数据处理等功能，可实时将点云数据运算出无接缝的多边形曲面，成为 3D 扫描后数据处理最佳的接口。彩色点云数据处理功能将颜色信息映像在多边形模型中，在曲面设计过程中，颜色信息将完整保存，也可以运用 RP 成型设备制作出有颜色信息的模型。Geomagic Design X 软件也提供上色功能，通过实时上色编辑工具，使用者可以直接为模型编辑喜欢的颜色。

5. Geomagic Control X 软件

Geomagic Control X 软件是一款功能全面的检测软件，集结多种工具与简单明确的工作流。质检人员可利用 Geomagic Control X 软件实现简单操作与直观的全方位的控制，让质量检测流程拥有可跟踪、可重复的工作流。其快速、精确、信息丰富的报告和分析功能应用在制造工作流程中能提高生产率与产品质量。

第三节　课程教学方案

1. 课程定位

本课程是机械设计与制造专业的一门专业方向课，旨在通过理实一体化的教学理念，采用项目实战的教学方法，使学生了解和掌握企业实际的数字设计与制造流程和新技术方法，培养掌握前沿数字设计与制造技术的实用型专业人才。

2. 课程设计思路

本课程主要根据 3D 打印造型师等岗位需要，采用"典型工作任务项目化"的课程开发模式，打破原有的以理论为主的内容结构和课序，根据工作任务进行课程项目设计，以教师为主导，以学生为主体，通过信息化手段开展"线上＋线下"的学习方式，提高学习兴趣，强化教学重点，弱化教学难点。

3. 课程学习目标

通过本课程的学习，学生在知识、技能、素养方面应达到以下要求：

（1）知识与技能（图 1-13）

1）熟悉逆向工程与创新设计相关的理论知识。

2）掌握三维数据的获取技术（Win3DD 三维扫描系统），并了解其应用领域。

3）掌握三维数据的处理技术（Geomagic Wrap 软件）。

4）了解三维建模技术，掌握 Geomagic Design X 软件的操作方法。

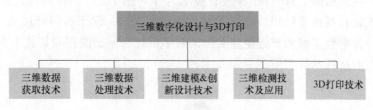

图 1-13　知识与技能学习目标

5）熟悉三维检测流程，并了解其应用领域。

6）了解 3D 打印技术的分类，并掌握 3D 打印的操作流程。

（2）过程与方法

1）掌握逆向设计各环节的要求和方法。

2）主动构建新知识的学习迁移能力。

（3）素养　培养信息素养以及良好的工作习惯。

（4）典型工作任务

4. 借助仿真实训平台进行教学

三维数字化设计与 3D 打印仿真实训教学平台涵盖三维数据获取、处理、建模、检测和 3D 打印五个模块内容，通过仿真交互、图文并茂等形式强化教学重点，弱化教学难点，旨在培养学生的创新设计思维、逆向设计能力和设备操作技能。在平台中，可从学生的认知规律出发，让学生在具体的情境中积极主动地完成具体的学习任务，获取理论知识，掌握技能要领，全面提升综合素养。

在线下，学生通过三维数字化设计与 3D 打印仿真实训教学平台进行课前预习和课后巩固；在线上，教师作为学习的指导者，学生作为学习的主体，就重点和难点开展分析和讨论，在"师生交互、生生交互"中提高学习效率（图 1-14）。教师通过平台的班级管理功能，可以随时查看学生的学习情况，及时调整教学进度，也能更好地开展个性化指导。

图 1-14　三维数字化设计与 3D 打印仿真实训教学平台的教学模式

　　三维数字化设计与3D打印仿真实训教学平台覆盖三维数据获取、三维数据处理、三维建模创新设计、三维检测、3D打印等核心技术内容（图1-15），各模块之间既相互关联又相对独立。各模块包括技术原理、应用案例、模型数据等，便于教师开展从"设计到制作"的项目式教学，使学生了解和掌握企业实际的数字设计与制造流程和新技术方法，成为掌握前沿数字设计与制造技术的实用型专业人才。

图1-15　实训平台的核心技术内容

单元四　三维数字化技术的应用

第一节　逆向工程技术的应用

逆向工程技术的应用可以分为以下三种类型：

1. 仿制

比如文物、艺术品的复制，产品原始设计文件缺失，部分零件的重新设计或者是委托厂商交付一件样品或产品，可应用逆向工程技术进行处理。

2. 改进设计

改进设计是一个基于逆向工程技术的典型设计过程。利用逆向工程技术，直接在已有的国内外先进产品的基础上进行结构性能分析、设计模型重构、再设计优化与制造，吸收并改进国内外先进的产品和技术，可极大地缩短产品开发周期，有效地抢占市场。

3. 开发设计

在飞机、汽车和模具等的设计和制造过程中，产品通常由复杂的自由曲面拼接而成，在此情况下，设计者通常先设计出方案，再制作油泥模、木模或者塑料模型，并用测量设备测量模型外形，构建三维数字模型，在此基础上进行设计，最终制造出产品。

第二节　创新设计的应用

逆向工程技术在创新设计方面的应用又可细分为以下几个方面：

1. 新产品开发

目前，产品的工业美学设计逐渐纳入创新设计的范畴。为实现创新设计，可将工业设计和逆向工程技术结合起来共同开发新产品。首先由外形设计师使用油泥、木模或者泡沫塑料做成产品的比例模型，从审美角度评价并确定产品的外形，然后通过逆向工程技术将其转化为三维数字模型。这大大加快了创新设计的实现过程，在航空业、汽车业、家用电器制造业以及玩具制造等行业都得到了不同程度的应用和推广。

2. 产品的仿制和改型设计

在只有实物而缺乏相关技术资料（图样或者三维数字模型）的情况下，利用逆向工程技术进行数据测量和数据处理，重构与实物相符的三维数字模型，并在此基础上进行后续的工作，例如模型修改、零件设计、有限元分析、误差分析、数控加工代码的生成等，最终实现产品的仿制和改进。该方法被广泛应用于摩托车、家用电器、玩具等产品外形的修复、改造和创新设计，以提高产品的市场竞争能力。图1-18所示为汽车的仿制和改型设计过程。

3. 快速模具制造

逆向工程技术在快速模具制造中的应用主要体现在三个方面：一是以样本模具为对象，

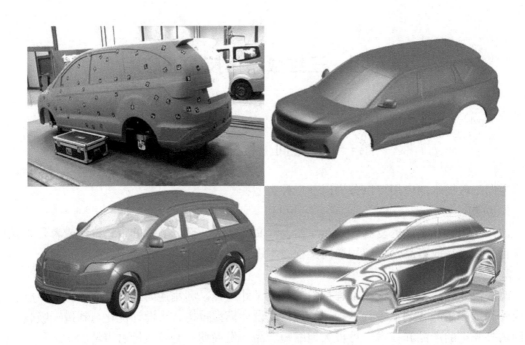

图1-18　汽车的仿制和改型设计过程

对已符合要求的模具进行测量，重构其三维数字模型，并在此基础上生成模具加工程序；二是以实物零件为对象，将实物转化为三维数字模型，并在此基础上进行模具设计；三是建立或者修改在制造过程中变更过的模具设计模型，例如破损模具的制成控制与快速修补。

4. 快速原型制造

快速原型制造（Rapid Prototyping Manufacturing，RPM）技术，综合了机械、激光以及材料科学等技术，已成为新产品开发、设计和生产的有效手段，其制作过程是在三维数字模型的直接驱动下进行的。逆向工程技术恰好可为其提供上游的三维数字模型。两者结合组成产品测量、建模、制造、再测量的闭环系统，可以实现产品的快速开发。

5. 产品的数字化检测

这是逆向工程一个新的发展方向。对加工后的零部件进行扫描测量，获得产品实物的三维数字模型，并将该模型与原始设计的几何模型在计算机上进行数据比较，可以有效地检测制造误差，提高检测精度。另外，通过CT扫描技术，还可以对产品内部结构进行诊断及量化分析等，从而实现无损检测。

6. 医学领域的断层扫描

利用先进的医学断层扫描仪器，例如CT、MRT（核磁共振）等获取的数据能够为医学研究与诊断提供高质量的断层扫描信息，利用逆向工程技术将断层扫描信息转换为三维数字模型后，可为后期假体或者组织器官的设计和制作、手术辅助、力学分析等提供参考数据。在反求人体器官三维数字模型的基础上，利用快速成型（RP）技术可以快速、准确地制作硬组织器官替代物，体外构建软组织或者器官应用的三维骨架以及器官模型，为人体替代性组织工程进入定制阶段奠定基础，同时也为疾病医治提供辅助手段。

7. 服装、头盔等的设计制作

根据个人形体的差异，采用先进的扫描设备和曲面重构软件，快速建立人体的三维数字

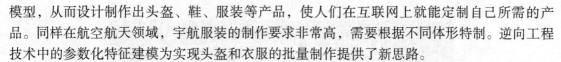

模型，从而设计制作出头盔、鞋、服装等产品，使人们在互联网上就能定制自己所需的产品。同样在航空航天领域，宇航服装的制作要求非常高，需要根据不同体形特制。逆向工程技术中的参数化特征建模为实现头盔和衣服的批量制作提供了新思路。

8. 艺术品、考古文物的复制，博物馆藏品、古建筑的数字化

应用逆向工程技术，还可以对艺术品、文物等进行复制，对文物、古建筑建立三维数字模型，生成数字模型库，不但可以降低文物的保护成本，还可以用于复制和修复，实现保护与开发并举。例如，北京故宫博物院"古建筑数字化测量技术研究项目组"应用三维激光扫描技术先后对太和殿、太和门、神武门、慈宁宫和寿康宫院落等重要古代建筑进行了完整的三维数据采集，为古建筑的保护和修复提供了完全逼真的数字模型。博物馆藏品的数字化，包括对藏品进行三维扫描，对扫描后的数据进行处理和修复，对数字藏品进行分类管理和建立数字博物馆等多项内容。

9. 影视动画角色、场景、道具等三维虚拟物体的设计和创建

随着计算机技术的发展，影视动画的数字化程度日益提高，三维扫描技术也广泛应用于影视动画领域。在影视动画的角色创建过程中，三维扫描技术主要表现在数字替身和精细模型创建两个方面。通过三维扫描仪对地形、地貌、建筑等场景的复制和创建，为影视动画场景的拍摄和搭建节省了大量资金，提高了工作效率。对于真实历史形态的道具创作，通过三维扫描结合3D打印等技术，实现原型的还原，例如对兵器、装饰品、室内摆件等进行扫描和还原制作，从而获得与原型一模一样的逼真道具。例如在《侏罗纪公园》《玩具总动员》《泰坦尼克号》《蝙蝠侠Ⅱ》等影视作品中，那些令人震撼、叹为观止的特技效果，都有三维扫描技术的应用。

第三节　3D打印技术的应用

那么，使用3D打印技术能做些什么？3D打印技术已经发展近30年，它对传统制造业带来的改变是显而易见的。随着技术的发展，数字化生产技术将会更加高效、精准、成本低廉，3D打印技术在制造业大有可为。

1. 工业制造领域

3D打印技术在工业制造领域的应用不言而喻，其在产品概念设计、原型制作、产品评审和功能验证等方面有着明显的应用优势。运用3D打印技术能够快速、直接、精确地将设计思想转化为具有一定功能的实物样件。对于制造单件、小批量金属零件或某些特殊复杂的零件来说，其开发周期短、成本低的优势尤为突出，使得企业在竞争激烈的市场中占有先机。

图1-19所示为美国福特汽车公司为福特汽车爱好者提供的3D打印福特汽车模型，并提供了打印数据供下载。3D打印的小型无人机、小型汽车等概念化产品已问世，3D打印的家用器具模型也被用于企业的宣传和营销活动中。

2. 医疗领域

3D打印技术在医疗领域发展迅速，市场份额不断提升。3D打印技术为患者提供了个性化治疗的条件，可以根据患者的个人需求定制模型假体，例如假牙、义肢等，甚至是人造骨骼。

图 1-19　福特汽车 3D 打印模型

据英国媒体报道，一名 9 岁男孩天生右臂缺失，在医院装上了 3D 打印的机械手，如图 1-20 所示，通过简单的手势，机械手能够实现不同的持握动作。

图 1-20　使用 3D 打印的机械手持握积木

此外，通过 3D 打印技术可以得到病人的软、硬组织模型，为医生提供准确的病理模型，帮助医生更好地了解病情，合理进行手术规划和方案设计。

另外，研究人员正在研究将生物 3D 打印技术应用于组织工程和生物制造，期望通过 3D 打印机打印出与患者自身需求完全一样的组织工程支架，在接受组织液后可以成活，形成有功能的活体组织，为患者进行器官移植、代替损坏的脏器带来了希望，为解决器官移植的来源问题提供了可能。尽管生物 3D 打印技术有如此诱人的应用前景，但也会涉及伦理和社会问题，这些都需要制定相关法律来加以约束。

3. 航空航天领域

在航空航天领域会涉及很多形状复杂、尺寸精细、性能特殊的零部件和机构的制造。3D打印技术可以直接制造这些零部件，并制造一些传统工艺难以制造的零件。据媒体报道，一些战斗机、商飞的民用飞机，甚至是美国国家航空航天局的航天器也正在使用3D打印技术。

英国航空发动机制造厂商——罗尔斯·罗伊斯公司利用3D打印技术，以钛合金为原材料，打印出了首个最大的民用航空发动机组件，即瑞达XWB-97发动机（图1-21）的前轴承，是一个类似于拖拉机轮胎大小的组件。

图1-21　瑞达XWB-97发动机

全球四大航空发动机厂商陆续宣布将在不同领域使用3D打印技术，美国联合技术公司（United Technologies Corporation，UTC）下属的普惠飞机发动机公司宣布将使用3D打印技术制造喷射发动机的内压缩叶片，并在康涅狄格大学成立增材制造中心。霍尼韦尔公司则在其后宣布将使用3D打印技术构建热交换器和金属骨架。对于增材制造技术应用于航空发动机的研发，同为航空发动机四巨头的通用电气（GE）航空和劳斯莱斯，则比普惠、霍尼韦尔两家公司早10年。

4. 文化创意领域

3D打印以其独特的技术优势成为了那些形状结构复杂、材料特殊的艺术表达方式很好的载体。不仅是模型艺术品，还包括电影道具、角色等，例如美国洛杉矶特效公司Legacy Effects运用3D打印技术为电影《阿凡达》塑造了部分角色和道具；3D打印的小提琴接近手工艺的水平。

5. 艺术设计领域

对于很多基于模型的创意DIY手办、鞋类、服饰、珠宝和玩具等，3D打印技术也可以很好地展示创意，如图1-22所示为3D打印的珠宝。设计师可以利用3D打印技术快速地将自己所设计的产品变成实物，方便快捷地将产品模型提供给客户和设计团队，提供及时沟通、交流和改进的可能，在相同的时间内缩短了产品从设计到市场销售的时间，以达到全面把控设计顺利进行的目的。3D打印技术使更多的人有机会展示丰富的创造力，使艺术家们可以在最短的时间内释放出崭新的创作灵感。

图 1-22　3D 打印的珠宝

6. 建筑领域

设计建筑物或者进行建筑效果展示时，常会制作建筑模型。传统建筑模型采用手工制作而成，工艺复杂，耗时较长，人工费用过高，而且也只能做简单的外形展示，无法还原设计师的设计理念，更无法进行物理测试。3D 打印技术可以方便、快速、精确地制作建筑模型，展示各式复杂结构和曲面，百分百还原设计师的创意，可以用于外形展示及风洞测试，还可以在建筑工程及施工模拟（AEC）中应用。有的巨型 3D 打印设备甚至可以直接打印建筑物本身，如图 1-23 所示为 3D 打印的豪华别墅。

图 1-23　3D 打印的豪华别墅

7. 教育领域

3D 打印技术在教育领域可以为不同学科的教学提供模型，用于验证科学假设。在一些中学、普通高校和军事院校，3D 打印技术已经被用于教学和科研。

以上虽然介绍了 3D 打印技术在诸多领域的应用实例，但是目前仍有许多问题没有得到解决，限制了 3D 打印技术的推广和普及。未来随着 3D 打印材料的开发，工艺方法的改进，智能制造技术的发展，信息技术、控制技术和材料技术的不断更新，3D 打印技术也必将迎来自身的技术跃进，其应用领域也将不断扩大和深入。

第二篇

入门项目案例（Align 模型）

单元一　Align 模型的数据采集和点云数据处理

任务一　扫描 Align 模型的流程

> **任务描述** ··

　　本任务是了解工业创新平台中的标准件模型的扫描流程，掌握三维数据采集及点云数据处理过程中涉及的相关命令。

> **任务目标** ··

　　1. 熟悉并掌握 Align 模型三维数据采集和点云数据处理过程。
　　2. 熟悉并掌握三维扫描仪软件模块中的相关功能和命令。

> **任务实施** ··

扫描流程

用三维扫描仪扫描 Align 模型，扫描流程见表 2-1。

表 2-1　Align 模型扫描流程

步骤	内　　容	图　　示
1	观察模型颜色和表面材质	
2	粘贴标志点	

（续）

步骤	内　　容	图　　示
3	扫描	
4	模型的点云处理	

知识链接

一、扫描阶段命令详解

双击 Geomagic Wrap 桌面快捷图标启动 Wrap_Win3D 三维数据采集系统软件，选择【采集】→【扫描】命令，进入软件界面，如图 2-1 所示。选择【Win3D Scanner】选项，单击【确定】按钮。

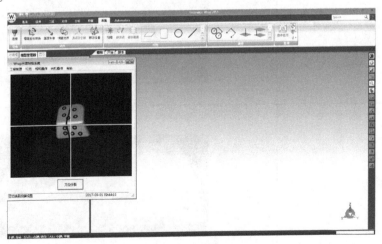

图 2-1　软件界面

1. 工具栏中各命令

（1）【工程管理】命令

1）【新建工程】命令：在对工件进行扫描之前，必须选择【新建工程】命令，即设定本次扫描的工程名称、相关数据存放路径等信息。

2）【打开工程】命令：打开一个已经存在的工程。

（2）【视图】命令

【标定/扫描】命令：主要用于扫描视图与标定视图的相互转换。

（3）【相机操作】命令

【参数设置】命令：对相机的相关参数进行调整。

（4）【光机操作】命令

【投射十字】命令：控制光栅投射器投射出一个十字，用于调整扫描距离。

（5）【帮助】命令

1）【帮助文档】命令：显示帮助文档。

2）【注册软件】命令：输入加密序列码。

2. 标定视图

选择工具栏中的【视图】→【标定/扫描】命令，打开图 2-2 所示【Wrap 三维扫描系统】窗口，即打开标定界面。

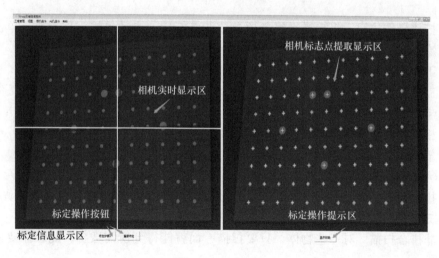

图 2-2　标定界面

（1）标定操作按钮

1）【标定步骤】按钮：单帧采集标定板图像。

2）【重新标定】按钮：若标定失败或零点误差较大，单击此按钮重新进行标定。

（2）标定操作提示区

【显示帮助】按钮：引导用户按图所示放置标定板。

（3）标定信息显示区　显示标定步骤，下一步的提示内容，标定成功或者未成功的信息。

（4）相机标志点提取显示区　显示相机采集区域提取成功的标志点圆心位置（用绿色十字标识）。

（5）相机实时显示区　对相机采集区域进行实时显示，用于调整标定板位置的观测。

3. 扫描视图

选择工具栏中的【视图】→【标定/扫描】命令，即可切换到图2-3所示的扫描界面。

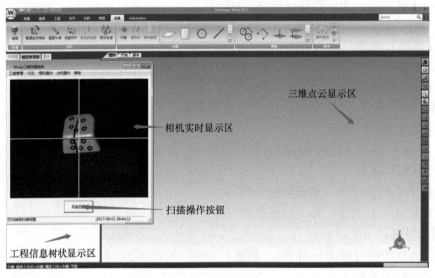

图2-3　扫描界面

（1）扫描操作按钮　将扫描系统各项参数调整好后，启动单帧工件扫描，单击工具栏中的【开始扫描】按钮，执行单帧扫描。

（2）工程信息树状显示区　显示扫描名称和每次扫描对应的名称。

（3）三维点云显示区　每次扫描得到的点云与标志点都将在该区显示出来。同时在该区可以对点云数据进行相关操作与处理。

（4）相机实时显示区　实时显示相机图像。

4. 扫描模式

扫描模式分为拼合扫描和非拼合扫描。

（1）拼合扫描　对一些较大的物体，一次不能扫描其全部数据，可通过粘贴标志点，利用拼合扫描方式完成扫描。

（2）非拼合扫描　对一些物体，只要扫描一面就能得到所需数据，此时需要使用非拼合扫描操作。

5. 扫描系统标定

相机参数标定是整个扫描系统精度的基础，因此在安装完扫描系统后，在第一次扫描前必须进行标定。

标定时需要注意以下几点：

1）标定的每步都要将标定板上的至少88个标志点提取出来，才能继续下一步标定，如图2-4所示。

2）如果最后计算得到的误差结果太大，即标定精度不符合要求时，则需重新标定，否则会得到无效的扫描精度与点云质量。

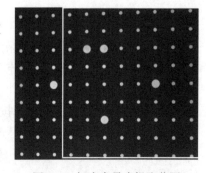

图2-4　标志点最小提取范围

3）在标定的前 3 个步骤，标定板上的标志点要尽量充满待扫描工件每次扫描区域可能占据的空间。

4）最终标定成功将显示图 2-5 所示内容。

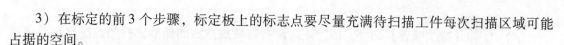

图 2-5 标定结果平均误差值

另外，在以下几种情况下也要进行标定：

1）对扫描系统进行远途运输。

2）对硬件进行调整。

3）硬件发生碰撞或者严重振动。

4）设备长时间不使用。

二、点云处理阶段命令详解

1. 点云阶段主要操作命令

（1）**【着色点】命令** 为了更加清晰、方便地观察点云的形状，对点云进行着色。

（2）**【选择非连接项】命令** 选择同一物体上具有一定数量的点形成点群，并且点群中的各点彼此间分离。

（3）**【选择体外孤点】命令** 选择与其他多数的点云具有一定距离的点。（敏感度：低数值选择远距离点，高数值选择的范围接近真实数据。）

（4）**【减少噪音】命令** 因为逆向设备与扫描方法的缘故，扫描数据存在系统误差和随机误差，其中有一些扫描点的误差比较大，超出用户允许的范围，这就是噪音点。该命令可减少噪音点。

（5）**【封装】命令** 对点云进行三角面片化操作。

2. 多边形阶段主要操作命令

（1）**【删除钉状物】命令** 检测并展平多边形网格上的尖峰。

（2）**【填充孔】命令** 修补因为点云缺失而造成的漏洞，可根据曲率趋势补好漏洞。

（3）**【去除特征】命令** 首先选择有特征的位置，应用该命令可以去除特征，然后将该区域与其他部位形成光滑的连续状态。

（4）![减少噪音] 【减少噪音】命令　因为逆向设备与扫描方法的缘故，扫描数据存在系统误差和随机误差，其中有一些扫描点的误差比较大，超出用户允许的范围，这就是噪音点。该命令可减少噪音点。

（5）![网格医生] 【网格医生】命令　集成了【删除钉状物】【补洞】【去除特征】【开流形】等功能，对简单数据能够快速处理完成。

任务二　扫描 Align 模型的前期准备

▶ 任务描述

本任务主要进行扫描 Align 模型的前期准备，了解相关内容的注意事项，并且指导大家快速熟悉、掌握粘贴标志点的方法和合理喷绘模型的方法。

▶ 任务目标

1. 熟悉并掌握扫描前期准备工作。
2. 熟悉并掌握粘贴标志点的技巧和方法。
3. 熟悉并掌握粘贴标志点的注意事项。

▶ 任务实施

1. 喷粉

通过观察发现 Align 模型表面反光，光滑处可能会反射光线，影响正常的扫描效果，因此采用喷涂一层显像剂的方式进行扫描，从而获得更加理想的点云数据，为之后的建模打下基础。

注意事项：喷粉距离约为30cm，尽可能薄且均匀。

2. 粘贴标志点

因为要求扫描标准件模型的整体点云，所以需要粘贴标志点，以进行拼接扫描。

粘贴标志点时的注意事项如下：

1）标志点尽量粘贴在平面区域或者曲率较小的曲面上，且距离工件边界远一些。

2）标志点不要粘贴在一条直线上，且不要对称粘贴。

3）公共标志点至少为 3 个，但因扫描角度等原因，一般建议以 5~7 个为宜。标志点应使相机在尽可能多的角度中同时看到。

4）粘贴标志点要保证扫描策略的顺利实施，根据工件的长、宽、高合理分布粘贴。

图 2-6 所示标志点的粘贴较为合理，当然还有其他粘贴方法。

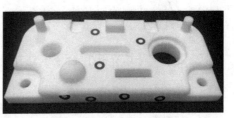

图 2-6　标志点的粘贴

3. 制订扫描策略

为了更方便、更快捷地进行扫描，可使用辅助工具（转盘）对标准件模型进行拼接扫描。（辅助扫描能够节省扫描时间，同时也可以减少粘贴在物体表面的标志点的数量。）

任务三　扫描 Align 模型

▶ 任务描述

本任务是扫描 Align 模型。通过本任务，了解扫描的步骤及内容，理解实施扫描的硬件操作过程和软件模块中的相关功能，以及合理的扫描方法。

▶ 任务目标

1. 熟悉并掌握扫描 Align 模型的方法和步骤。
2. 熟悉并掌握三维扫描仪的硬件操作过程。
3. 熟悉并掌握三维扫描仪软件模块中的相关功能和命令。

▶ 任务实施

扫描 Align 模型，具体操作见表 2-2。

表 2-2　Align 模型的扫描步骤及内容

步骤	内　　容	图　　示
1	新建工程，给工程起个名字，例如【saomiao】，将 Align 模型放置在转盘上，确定转盘和 Align 模型在十字中间，尝试旋转转盘一周，在软件的相机实时显示区观察，以保证能够扫描到 Align 模型的整体。观察软件中相机实时显示区处 Align 模型的亮度，通过在软件中设置相机曝光值来调整亮度。检查扫描仪到 Align 模型的距离，此距离可以依据软件【Wrap 三维扫描系统】窗口左侧的相机实时显示区的白色十字与黑色十字重合来确定，当两者重合时的距离约为 600mm，600mm 的高度点云提取质量最好。所有参数调整完成后，单击【开始扫描】按钮，开始第一步扫描	

（续）

步骤	内　容	图　示
2	转动转盘至一定角度，必须保证与步骤 1 的扫描区域有重合部分，这里说的重合是指标志点重合，即在步骤 1 和该步中能够同时看到至少 3 个标志点（该单目设备为三点拼接，但是建议使用四点拼接）	
3	操作方法同步骤 2，向同一方向继续旋转一定角度进行扫描	
4	前面的步骤已经把 Align 模型的上表面数据扫描完成，下面将 Align 模型从转盘上取下，翻转转盘，同时也将 Align 模型进行翻转，扫描其下表面。通过之前手动粘贴的标志点来完成拼接过程，操作方法同步骤 2，向同一方向继续旋转一定角度进行扫描	
5	转动转盘至一定角度，必须保证与上一个步骤的扫描区域有重合部分，这里说的重合是指标志点重合，即在上一个步骤和该步骤中能够同时看到至少 3 个标志点（该单目设备为三点拼接，但是建议使用四点拼接），直至扫描完成整个 Align 模型的下表面	

　　扫描工作完成后，在软件扫描界面左侧的【模型管理器】中选择要保存的点云数据，在工具栏中选择【点】→【联合点对象】命令，将多组数据合并为一组数据。在合并后的数据位置单击鼠标右键，在弹出的菜单中选择【保存】按钮，将点云数据保存在指定的目录下，文件的格式为【顶点文件 . asc】，例如 Align. asc。

　　需要注意的是，软件默认的单位为【英寸】，可选择工具栏中的【工具】→【单位】命令，将单位修改为【毫米】。

任务四　处理 Align 模型的点云数据

任务描述

本任务要使用 Geomagic Wrap 软件点云模块中的相关功能，对 Align 模型的点云数据进行处理，过程包括以下两个阶段。

第一阶段：点云阶段。主要步骤是：

1）去掉扫描过程中产生的杂点、噪音点。

2）将点云文件三角面片化（封装），保存为 STL 文件格式。

第二阶段：多边形阶段。主要步骤是：

1）将封装后的三角面片数据处理光顺、完整。

2）保持数据的原始特征。

任务目标

1. 熟悉并掌握 Geomagic Wrap 软件中快速处理模型周围杂点的方法。

2. 熟悉并掌握 Geomagic Wrap 软件中处理模型周围噪音点的方法。

3. 熟悉并掌握 Geomagic Wrap 软件中将模型处理光顺的方法。

4. 熟悉并掌握 Geomagic Wrap 软件中对点云进行封装的方法。

任务实施

一、处理数据

处理数据的过程见表2-3。

表 2-3　处理数据的过程

步　骤	内　容	图　示
1. 导入模型	启动 Geomagic Wrap 软件，选择菜单栏中的【文件】→【导入】命令，在弹出的【导入文件】对话框中，查找 Align 模型数据文件，例如【Align. asc】文件，然后单击【打开】按钮，按照默认选项导入模型的点云数据	

（续）

步　骤	内　　容	图　　示
2. 点着色	为了更加清晰、方便地观察点云的形状，对点云进行着色。 　• 选择菜单栏中的【点】→【着色点】命令，并在【模型管理器】中单击【显示】按钮，取消选中【顶点颜色】复选框。 　• 若点云数据未变为浅绿色，可先选择菜单栏中的【点】→【着色点】→【删除法线】命令，再执行上述操作	
3. 去除杂点	为了对点云进行放大、缩小和旋转操作，应设置点云数据的旋转中心。 　• 在三维点云显示区单击鼠标右键，在弹出的菜单中选择【设置旋转中心】命令，在点云的适合位置单击确定。 　• 在工程信息树状显示区的工具栏中单击【套索选择工具】按钮，在三维点云显示区勾画出Align模型的外轮廓，点云数据呈现红色。 　• 单击鼠标右键，在弹出的菜单中选择【反转选区】命令，此时外部的点云数据被选中。 　• 选择菜单栏中的【点】→【删除】命令或者按下键盘上的〈Delete〉键，删除杂点	
4. 选择非连接项	选择菜单栏中的【点】→【选择】→【非连接项】命令，在【模型管理器】中弹出【选择非连接项】对话框。 　• 设置【分隔】为低。 　• 设置【尺寸】为默认值5.0。 　• 单击【确定】按钮，此时点云中的非连接项被选中，并呈现红色。 　• 选择菜单栏中的【点】→【删除】命令或者按下键盘上的〈Delete〉键，删除杂点	

（续）

步　骤	内　容	图　示
5. 去除体外孤点	选择菜单栏中的【点】→【选择】→【体外孤点】命令，在【模型管理器】中弹出【选择体外孤点】对话框。 　● 设置【敏感度】为100。 　● 单击【确认】按钮，此时点云中的体外孤点被选中，并呈现红色。 　● 选择菜单栏中的【点】→【删除】命令或者按下键盘上的〈Delete〉键，删除体外孤点	
6. 去除非连接点云	利用工程信息树状显示区工具栏中的【套索选择工具】按钮，手动删除非连接点云数据	
7. 减少噪音点	选择菜单栏中的【点】→【减少噪音】命令，在【模型管理器】中弹出【减少噪音】对话框。 　● 选中【自由曲面形状】单选按钮。 　● 设置【平滑度水平】为处在中间位置。 　● 设置【迭代】为5。 　● 设置【偏差限制】为0.05	

39

（续）

步　骤	内　　容	图　　示
8. 封装三角面片	选择菜单栏中的【点】→【封装】命令，在【模型管理器】中弹出【封装】对话框，该命令将围绕点云进行封装计算，使点云数据转换为多边形模型。 　　• 在【采样】选项区域通过设置点间距对点云进行采样。 　　•【最大三角形数】可以进行人为设定，三角形数量设置得越大，封装之后的多边形网格越紧密。 　　• 最下方的滑块可以调节采样质量的高低，可根据点云数据的实际特性，进行适当的设置	
9. 删除钉状物	选择菜单栏中的【多边形】→【删除钉状物】命令，在【模型管理器】中弹出【删除钉状物】对话框。 　　• 将【平滑级别】滑块移至中间位置。 　　• 单击【应用】按钮，并确定	
10. 填充孔	选择菜单栏中的【多边形】→【全部填充】命令，在【模型管理器】中弹出【全部填充】对话框。 　　可以根据孔的类型搭配选择不同的方法进行填充	①曲率:指定新网格必须匹配周围网格曲率。 ②切线:指定新网格必须匹配周围网格曲率，但具有大于曲率尖端。 ③平面:指定新网格大致平坦。

（续）

步　骤	内　容	图　示
11. 减少噪音点	选择菜单栏中的【多边形】→【减少噪音】命令，在【模型管理器】中弹出【减少噪音】对话框。 • 选中【自由曲面形状】单选按钮。 • 将【平滑度水平】滑块移至中间位置。 • 设置【迭代】为5。 • 设置【偏差限制】为0.05	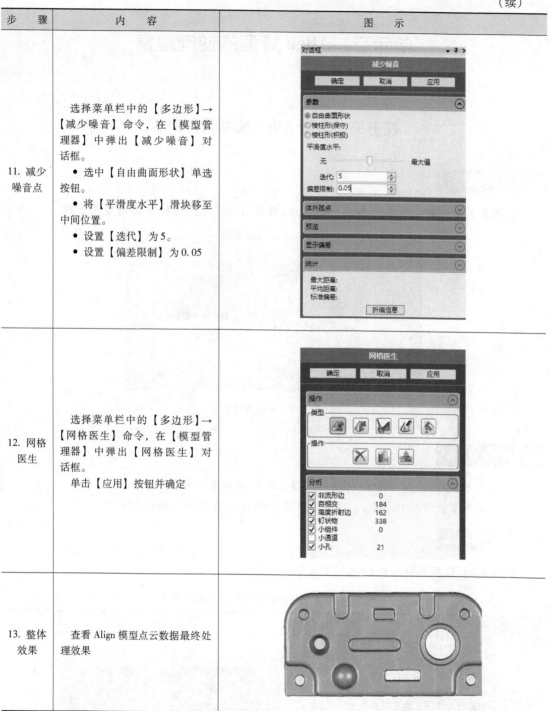
12. 网格医生	选择菜单栏中的【多边形】→【网格医生】命令，在【模型管理器】中弹出【网格医生】对话框。 单击【应用】按钮并确定	
13. 整体效果	查看 Align 模型点云数据最终处理效果	

二、保存数据

单击软件用户界面左上角的 Wrap 图标，在弹出的菜单中选择【另存为】命令，将文件另存为【. stl（binary）】文件。例如 Align. stl。

单元二　Align 模型的逆向建模

任务一　重构 Align 模型特征曲面

任务描述

本任务主要了解工业创新平台中的 Align 模型（图 2-7）特征曲面的重构过程。

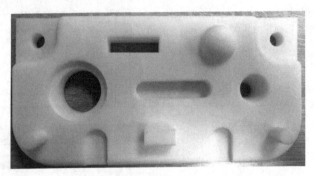

图 2-7　Align 模型

任务目标

1. 熟悉并掌握 Align 模型逆向建模过程及特征曲面重构的思路。
2. 熟悉并掌握涉及 Geomagic Design X 软件的相关基本命令的操作方法。

任务实施

重构 Align 模型特征曲面的过程见表 2-4。

表 2-4　重构 Align 模型特征曲面的过程

步　骤	内　容	图　示
1. 创建坐标系	• 【平面】命令：用于构建新的参照平面。此平面可用于创建面片草图、镜像特征并分割面片交集中的面片和轮廓。 • 【手动对齐】命令：可使用简单的【3-2-1】对齐方式进行特征的选取，并对齐坐标系	

（续）

步　骤	内　容	图　示
2. 拉伸实体	【实体拉伸】命令：根据草图和平面方向创建新实体。对新实体可进行单向或双向拉伸，且可通过输入值或者【高达】条件定义拉伸尺寸	
3. 倒圆角	【圆角】命令：在实体或者曲面体的边线上创建圆角特征	
	创建特征 I	
	创建特征 II	

（续）

步　骤	内　容	图　示
	【面片拟合】命令：对面片使用拟合运算来创建曲面。在逆向设计过程中，曲面拟合技术是一项独特技术，为利用自由形状面片创建3D自由曲面提供了一种简单、快速的方法	
4. 面片拟合	创建特征Ⅲ	
	创建特征Ⅳ	
5. 切割	【切割】命令：移除带有曲面或者平面的材质，用以切割实体，可手动选择剩余材料	
6. 整体倒圆角	对模型整体进行倒圆角操作	

任务二 Align 模型逆向建模步骤及数据输出

▶ 任务描述

本任务采用 Geomagic Design X 软件建模模块中相关的基础功能，完成 Align 模型逆向建模的过程，理解整个产品的逆向建模过程及建模思路。

▶ 任务目标

1. 熟悉并掌握 Geomagic Design X 软件中基于三角面片划分领域组的技巧。
2. 熟悉并掌握 Geomagic Design X 软件中根据领域组创建自由曲面的方法。
3. 熟悉并掌握 Geomagic Design X 软件中基于草图、面片草图进行体拉伸的方法。

▶ 任务实施

一、Align 模型逆向建模步骤（表 2-5）

表 2-5 Align 模型逆向建模步骤

步 骤	内 容	图 示	操作说明
1. 导入数据	选择菜单栏中的【插入】→【导入】命令，找到【Align. stl】文件，单击【仅导入】按钮，导入模型数据文件	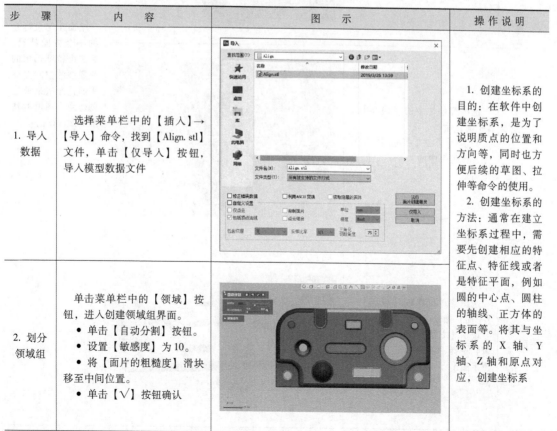	1. 创建坐标系的目的：在软件中创建坐标系，是为了说明质点的位置和方向等，同时也方便后续的草图、拉伸等命令的使用。 2. 创建坐标系的方法：通常在建立坐标系过程中，需要先创建相应的特征点、特征线或者是特征平面，例如圆的中心点、圆柱的轴线、正方体的表面等。将其与坐标系的 X 轴、Y 轴、Z 轴和原点对应，创建坐标系
2. 划分领域组	单击菜单栏中的【领域】按钮，进入创建领域组界面。• 单击【自动分割】按钮。• 设置【敏感度】为 10。• 将【面片的粗糙度】滑块移至中间位置。• 单击【√】按钮确认		

（续）

步　骤	内　容	图　示	操作说明
3. 创建平面Ⅰ	选择菜单栏中的【模型】→【平面】命令。 设置【方法】为选择多个点，选取图中的 4 个点，创建平面Ⅰ		
4. 创建平面Ⅱ	选择菜单栏中的【模型】→【平面】命令。 设置【方法】为选择多个点，选取图中的 4 个点，创建平面Ⅱ		左边是该模型在创建坐标系时应用到的两个特征：（方法不唯一） 平面Ⅰ为坐标系的一个方向特征，第二个特征选用的是模型的中间对称平面，方法是通过创建两个辅助的基准平面进行找寻
5. 创建平面Ⅲ	选择菜单栏中的【模型】→【平面】命令。 设置【方法】为选择多个点，选取图中的 4 个点，创建平面Ⅲ		
6. 创建平面Ⅳ	选择菜单栏中的【模型】→【平面】命令。 设置【方法】为平均，【要素】选择平面Ⅱ和平面Ⅲ，创建平面Ⅳ		

（续）

步　骤	内　　容	图　　示	操作说明
7. 手动对齐	选择菜单栏中的【对齐】→【手动对齐】命令，单击【下一步】按钮。 • 设置【方法】为3-2-1。 • 设置【平面】为平面Ⅰ。 • 设置【线】为平面Ⅳ。 • 单击【√】按钮确认，可以单击主视图，查看对齐后的效果		观察该模型整体特征发现，该模型的主体为统一整体，特征的创建也是基于主体去完成的，故首先对主体进行实体的创建
8. 创建草图Ⅰ	选择菜单栏中的【草图】→【面片草图】命令。 • 设置【基准平面】为前平面。 • 拖动细长的箭头，截取出零件轮廓，创建草图Ⅰ		
9. 实体拉伸Ⅰ	选择菜单栏中的【模型】→【拉伸】命令。 • 设置【轮廓】为草图Ⅰ。 • 设置【方法】为到领域。 • 创建实体拉伸Ⅰ		

（续）

步　骤	内　容	图　示	操作说明
10. 倒圆角	选择菜单栏中的【模型】→【圆角】命令，对两处边界进行倒圆角。 设置【半径】为 30		
11. 创建拟合曲面 I	选择菜单栏中的【模型】→【面片拟合】命令，选择图中的区域，进行面片拟合操作，创建拟合曲面 I		
12. 创建拟合曲面 II	选择菜单栏中的【模型】→【面片拟合】命令，选择图中的区域，进行面片拟合操作，创建拟合曲面 II		主体上其他小特征的创建方法有很多，有些特征可以利用做曲面切割实体的方式创建，有些特征可以利用草图拉伸实体再利用布尔运算的方式创建等
13. 创建草图 II	选择菜单栏中的【草图】→【面片草图】命令。 • 设置【基准平面】为图中的两个区域组。 • 拖动细长的箭头，截取出零件轮廓，创建草图 II	拖动该箭头	

（续）

步 骤	内 容	图 示	操作说明
14. 实体拉伸Ⅱ	选择菜单栏中的【模型】→【拉伸】命令。 • 设置【轮廓】为草图环路Ⅱ。 • 设置【方法】为到距离。 • 设置【结果运算】为切割，创建实体拉伸Ⅱ	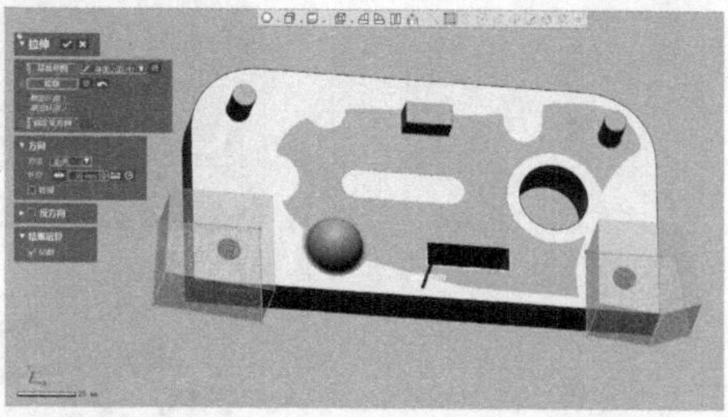	
15. 倒圆角	选择菜单栏中的【模型】→【圆角】命令，对两处边界进行倒圆角 设置【半径】为15	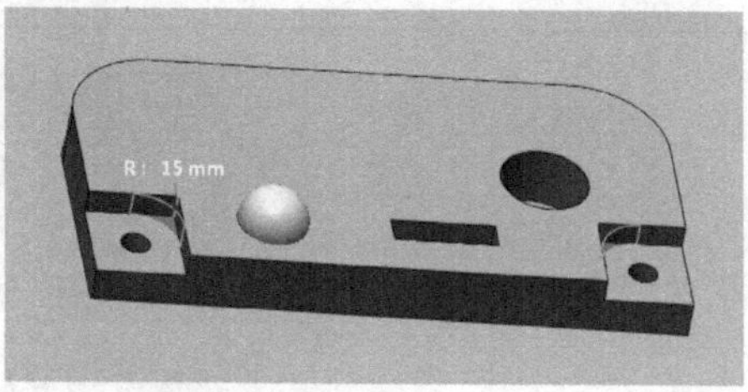	
16. 创建草图Ⅲ	选择菜单栏中的【草图】→【面片草图】命令。 • 设置【基准平面】为图中的领域组。 • 拖动细长的箭头，截取出零件轮廓，创建草图Ⅲ	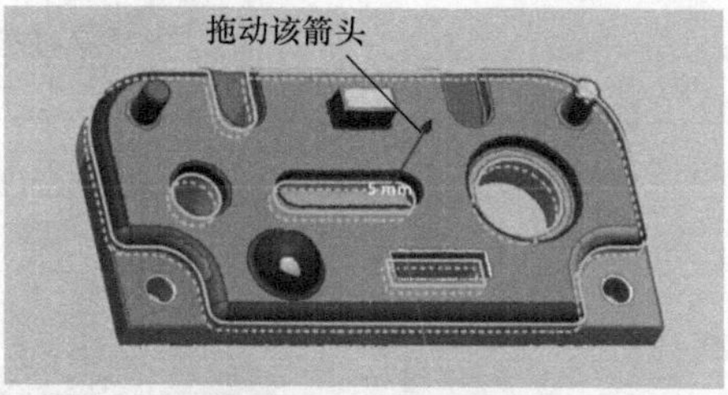 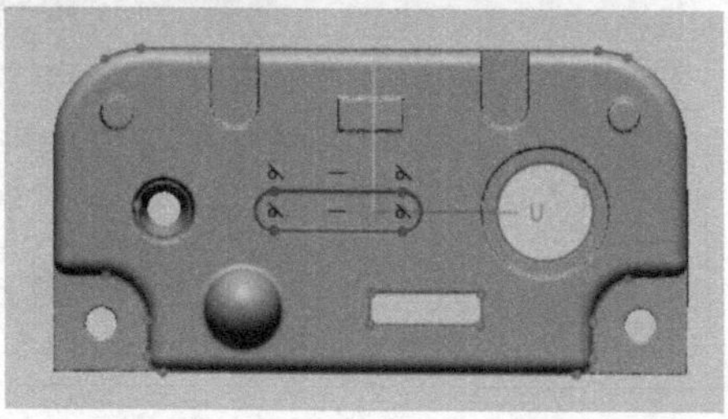	
17. 实体拉伸Ⅲ	选择菜单栏中的【模型】→【拉伸】命令。 • 设置【轮廓】为草图Ⅲ。 • 设置【方法】为距离，超出主体部分即可。 • 设置【结果运算】为切割，创建实体拉伸Ⅲ	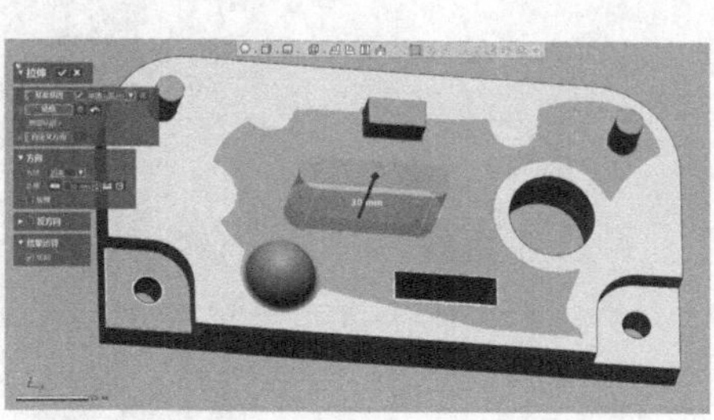	

（续）

步　骤	内　容	图　示	操作说明
18. 创建 特征 I			
19. 创建 特征 II			
20. 创建 特征 III			接下来的特征创 建方法与上述操作 相同，同样会用到 【面片草图】【实体 拉伸】命令
21. 创建 特征 IV			创建特征 IV： 基础实体 的创建

（续）

步　　骤	内　　　容	图　　示	操作说明
22. 创建切割 I	选择菜单栏中的【切割】命令。 • 设置【工具要素】为面片拟合 II，即拟合曲面 II。 • 设置【对象体】为模型实体，创建切割 I		【切割】命令操作注意事项：工具要素曲面体的边界需要穿透实体方可切割，如果曲面体边界未穿透实体，则需要用【延长曲面】命令将曲面边界延长后再进行切割
23. 创建剪切曲面 I	选择菜单栏中的【剪切曲面】命令。 • 设置【工具要素】为切割 I 实体模型。 • 设置【对象体】为拟合面片 I。 • 设置【残留体】如右图所示，创建剪切曲面 I		【剪切曲面】命令操作注意事项：工具要素与对象要素必须无缝相交，如果曲面体边界未与实体相交，则需要用【延长曲面】命令将曲面边界延长后再创建剪切曲面
24. 创建布尔运算 I	选择菜单栏中的【布尔运算】命令，对曲面体与实体进行实体合并，创建布尔运算 I		
25. 倒圆角	选择菜单栏中的【模型】→【圆角】命令，进行整体倒圆角操作		

（续）

步　骤	内　　容	图　示	操作说明
26. 整体效果	查看整体效果，如右图所示		
27. 文件输出	选择菜单栏中的【文件】→【输出】命令。 • 设置【要素】为实体模型。 • 单击【√】按钮确认，保存格式为 .stp		

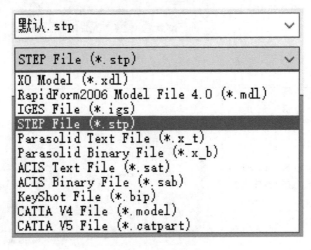

二、数据输出注意事项

1）源文件格式为【.xrl】，在操作过程中，由于数据运算量过大，建议随时保存文件。

2）常用的输出格式为【.stp】，还有其他输出格式，如图2-8所示。

默认.stp

STEP File (*.stp)

XO Model (*.xdl)
RapidForm2006 Model File 4.0 (*.mdl)
IGES File (*.igs)
STEP File (*.stp)
Parasolid Text File (*.x_t)
Parasolid Binary File (*.x_b)
ACIS Text File (*.sat)
ACIS Binary File (*.sab)
KeyShot File (*.bip)
CATIA V4 File (*.model)
CATIA V5 File (*.catpart)

图2-8　输出格式

单元三 Align 模型的 3D 打印

任务一 认识 3D 打印机操作界面

▶ **任务描述**

本任务将引导大家快速熟悉、掌握 3D 打印机操作界面。

▶ **任务目标**

1. 熟悉并掌握 3D 打印机的操作界面。
2. 熟悉并掌握 3D 打印机操作界面中基础操作命令的概念和使用方法。

▶ **任务实施**

1. 主界面（状态 1）（图 2-9）

主界面（状态 1）上方为 3 个温度监测曲线图，实时地反映相应部件的温度，其中黄线为实时温度，红线为设定温度。

1）单击坐标轴左边的加减号，可对相应部件的温度进行直接更改（系统设定单击一次加号或者减号，温度升高或者降低 5℃）。

2）【打印进度】选项：显示 SD 卡脱机打印进度，联机打印时的进度显示在计算机上。

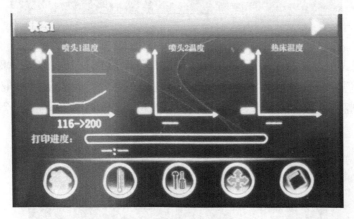

图 2-9 主界面（状态 1）

2. 主界面（状态 2）（图 2-10）

主界面（状态 2）中 3 个有量程的表是对【打印速度】【风扇转速】【材料流量】的监测与控制，这里的【打印速度】与【材料流量】的百分比都是相对于模型在软件中做切片时设置的速度与流量而言的。

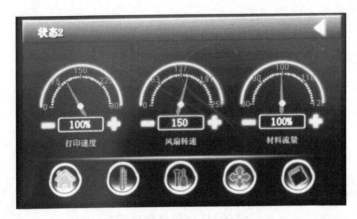

图 2-10　主界面（状态 2）

1）【温度设置】界面（图 2-11）：界面左边为温度模式选择，界面右边显示被选择模式的详细参数。

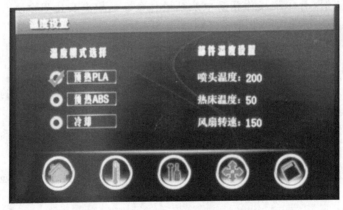

图 2-11　【温度设置】界面

2）【温度模式预设】界面（图 2-12）：【预热 PLA 模式】和【预热 ABS 模式】是依据打印材料命名的温度模式，因为喷头温度关系到材料的融化，所以温度的取值要在一定范围内。PLA 材料的打印温度范围是 180°~210°；ABS 材料的打印温度范围是 210°~230°。

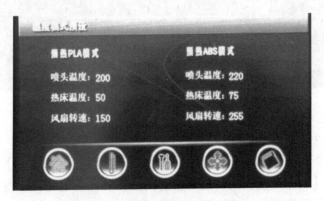

图 2-12　【温度模式预设】界面

3.【移轴1】界面（图2-13）

该界面的功能为手动控制喷头和平台的位移，以及材料的进退。

1）【电动机解锁】选项：选中该选项时，可以直接将喷头推到想要的位置；相反，不选中该选项时，默认锁定自由移动，这时只能通过屏幕的箭头移动喷头的位置。

2）【移动单位】选项区域：按一次右边箭头，相应部件在箭头对应坐标轴上移动的单位。

3）箭头：右边的箭头，根据下方的标识，操控打印机不同的部件。X、Y 轴控制喷头前后、左右移动，Z 轴控制打印平台上下移动。

4）橙色图标：X、Y 轴中心的橙色图标是 X、Y 两轴归零的按钮，Z 轴中心的橙色图标是 X、Y、Z 三轴归零的按钮，也就是【home】键，即单击这个按钮，三轴都会归零，即回到系统设置的坐标原点。

5）E 轴：最右边的 E 轴箭头是控制喷头进料和退料的。

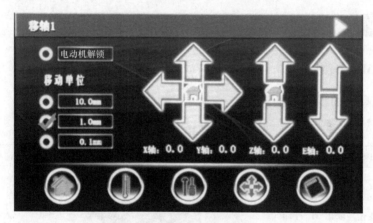

图 2-13　【移轴1】界面

4.【移轴2】界面（图2-14）

【PLA 材料】和【ABS 材料】选项区域都是关于一键进、退料的，单击【调平台】选项区域中的 4 个按钮，可将喷头快速移动到平台对应的校准点。

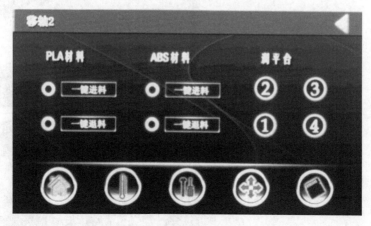

图 2-14　【移轴2】界面

任务二　安装3D打印机并进行硬件调试

▶ 任务描述

本任务进行3D打印机的安装和调试以及换料、涂胶水操作，并完成打印机的硬件调试及使用。

▶ 任务目标

1. 熟悉并掌握3D打印机的安装及调试步骤。
2. 熟悉并掌握3D打印机的使用过程注意事项。
3. 熟悉并掌握换料和涂胶水的操作方法。

▶ 任务实施

一、安装3D打印机

安装3D打印机的步骤见表2-6。

表2-6　安装3D打印机的步骤

步骤	内　　容	图　　示
1	打开包装箱，取出3D打印机，打开打印机顶盖，取下固定喷头的红色夹子	
2	剪断胶带，取出平台上方的工具盒与打印材料，撕下平台四周胶带	
3	将取出的玻璃板放在平台上	

（续）

步骤	内　　容	图　　示
4	将料轴与材料安装在 3D 打印机的侧面	
5	插上电源线，打开电源开关	
6	单击屏幕上的【移轴】按钮；单击右侧橙色的归零按钮	
7	打开机器门，在右下角找到 SD 卡槽，插入 SD 卡，打印机安装完毕	

二、调试硬件（表 2-7）

表 2-7　调试硬件的步骤

步骤	内　　容	图　　示
1	把料盘置于支架上，将材料一端穿过白色的固定管，然后将材料用力插进料口，感觉到材料被齿轮"咬住"即可	

（续）

步骤	内　容	图　示
2	单击屏幕上的【换料】按钮，单击【PLA】按钮，再单击【一键进料】按钮	
3	此时机器会自动升温，当达到融化温度后会自动进料。这个过程中屏幕会被锁定，不响应任何操作，当喷头开始挤料，机器发出蜂鸣声时，表示进料操作完毕，屏幕自动解锁	
4	在打印其他模型之前，我们先来打印 SD 卡内提供的两个测试文件，观察打印机各部件是否能正常工作。 在屏幕上单击【SD 卡】按钮，单击【testl. gcode】文件，单击【开始打印】按钮，在打印之前，喷头有一个升温过程，在屏幕的主界面上可以看到升温曲线	
5	当喷头开始打印，在平台上画出 3 个不同半径的圆时，单击【SD 卡】按钮，单击【停止打印】按钮，观察平台上画出的圆是否为 3 个贴合牢固、材料均匀的正圆	
6	如果是，清理平台上的材料，单击【SD 卡】按钮，单击【test2. gcode】（小花瓶）文件，单击【开始打印】按钮，这时候等着小花瓶打印完毕即可，如果打印出来的小花瓶结构匀称，表面平滑，就可以进行其他模型的打印了 如果不是，先进行"调平台"的操作，再进行打印操作，直到这个测试文件打印出来的圆符合要求为止	

三、调平台（表2-8）

表 2-8 调平台的步骤

步骤	内 容	图 示
1	在平台上放置一张 A4 复印纸，单击【换料】按钮，单击【1】按钮，喷头自动移到对应位置	
2	平行拖拽纸张。如果纸张很容易抽出，说明平台与喷头的距离太大，应从右往左拧动旋钮，释放弹簧，减小平台与喷头的距离；相反，如果纸张很难拖动，则从左往右拧动旋钮，拉大喷头与平台的距离。反复测试，直到平台与喷头的距离合适为止	

表 2-8 中只是一个点的操作示例，依次单击屏幕上其他 3 个数字按钮，重复进行调平台内容中步骤 1、2 的操作，将各点分别校准。

需要强调的是，当调节其中一个点的时候，可能会对其他点产生影响，所以建议 4 个点都调节一遍之后，单击【移轴】按钮，单击【home】按钮，将平台归零，再重复步骤 1、2 的操作，进行重新测试，保证距离的准确性。

当 4 个点都调节完毕，再次打印测试文件，单击【SD 卡】按钮，单击【test1. gcode】文件，单击【开始打印】按钮，观察打印出来的 3 个圆是否为贴合牢固的、材料均匀的正圆，如果是则表示平台调节完毕，可以进行其他打印了；如果不是，那么返回步骤 1 重新开始调平台的操作。

四、换料（表2-9）

表2-9　换料的步骤

步骤	内　容	图　示
1	单击屏幕上的【换料】按钮，单击【PLA】按钮，单击【一键退料】按钮，此时机器会自动升温，当达到融化温度后会自动退料，这个过程屏幕会被锁定，不响应任何操作。当机器发出蜂鸣声时，表示退料操作完毕，屏幕解锁，向上拔出材料，取走料盘	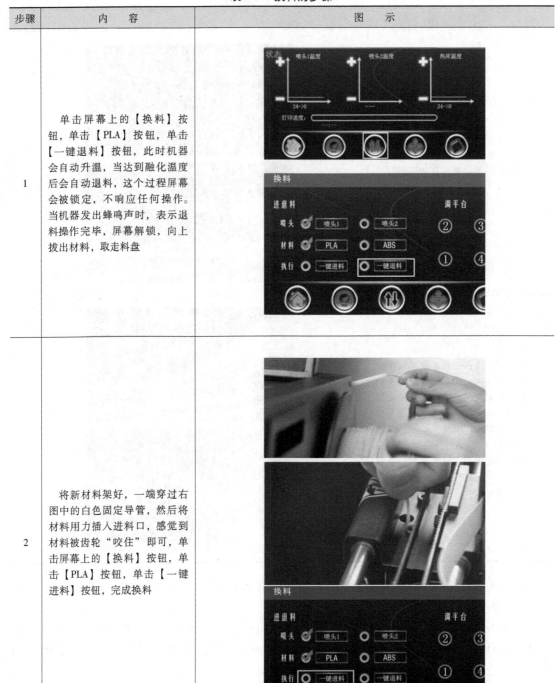
2	将新材料架好，一端穿过右图中的白色固定导管，然后将材料用力插入进料口，感觉到材料被齿轮"咬住"即可，单击屏幕上的【换料】按钮，单击【PLA】按钮，单击【一键进料】按钮，完成换料	

五、涂胶水（表2-10）

表 2-10 涂胶水的步骤

步骤	内 容	图 示
1	保证玻璃板干净、干燥，取出胶水瓶内侧的小盖子	
2	在平台中间滴少量胶水，均匀涂抹后，使其能覆盖整个平台	
3	用胶滚将胶水均匀涂在平台上，等待胶水晾干后便可使用打印机	

一般情况下，涂一次胶水可以进行多次打印操作。胶水为水溶性胶，重新涂胶时，需要先用湿布将平台擦拭干净。

任务三　利用 Cura 软件对 Align 模型进行数据切片

▶ **任务描述**

　　本任务以 Align 模型为例，对 Cura 软件的模型显示区中各按钮的功能和操作方法进行讲解，强化数据切片理论的相关知识，引导大家快速熟悉、掌握 3D 打印软件的操作方法以及软件中参数的调整方法。

▶ **任务目标**

　　1. 熟悉并掌握 3D 打印机对模型的切片步骤。
　　2. 熟悉并掌握 3D 打印机软件的操作方法。
　　3. 熟悉并掌握 3D 打印机软件中参数的调整方法。

▶ **任务实施**

一、Cura 软件的安装（表 2-11）

表 2-11　Cura 软件的安装步骤

步骤	内　容	图　示
1	双击软件安装图标进入安装界面	Cura15.04.2
2	单击【下一步】按钮，选择合适的安装目录进行安装，也可选择默认路径，然后单击【下一步】按钮	

（续）

步骤	内　容	图　示
3	单击【安装】按钮，等待软件安装完成	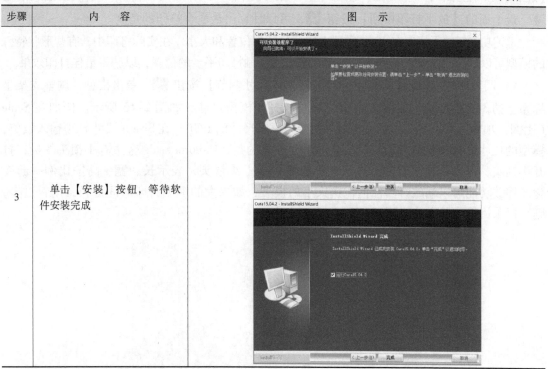

需要注意的是，在安装过程中，如果计算机上安装了安全卫士、杀毒软件等安全软件，则可能会发生误报警，请暂时关闭杀毒软件再继续安装，Windows 8 以上操作系统请使用管理员身份来运行。

二、模型显示区中各按钮的功能

以 Align 模型为例，说明模型显示区中各按钮的功能和操作方法。

1）将模型 STL 文件拖入显示区或者用窗口左上方的【Load】按钮载入文件。在【Load】按钮旁边可以看到一个进度条在前进。当进度条达到 100％ 时，就会显示打印时间、所用打印材料的长度和质量。

2）在 3D 观察界面上，单击鼠标右键并拖动，可以实现观察视点的旋转；使用鼠标滚轮，可以实现观察视点的缩放。这些动作都不改变模型本身，只是变化观察角度。

3）调节摆放位置：单击模型，再单击图 2-15 左下角的【旋转】按钮，可以看到 Align 模型周围出现红、黄、绿 3 个圈，分别拖动 3 个圈可以沿 X 轴、Y 轴、Z 轴 3 个不同方向来旋转摆放模型。如图 2-15 所示，

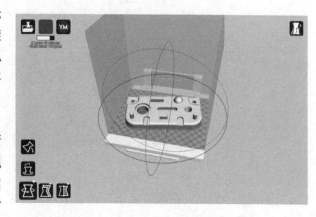

图 2-15　模型显示区

【旋转】按钮上面的是【复位】按钮 ，通过此按钮，操作者可以重新调整模型摆放的位置。最上面的【放平打印模型】按钮 ，可以计算出最适合打印的角度。

上述功能解决了模型在3D打印机上实际打印的位置和大小。在实际打印中，有些形状特殊的模型可以配合【旋转】【移动】等命令来改变接触打印平台的位置，以获得最佳打印效果。

4）调节尺寸：【旋转】按钮旁边的就是【尺寸调节】按钮 。单击模型，调整支架坐标系上的3个小方块，或输入数值，可缩放打印模型尺寸，如图2-16所示。例如在Scale（比例）项输入0.1，长、宽、高则分别变为原来尺寸的1/10。在Size（尺寸）项输入数值，模型的尺寸就会按照输入的数值变化。需要注意的是，Uniform scale旁边有小锁头图标，打开小锁头，可以单独调节模型的长、宽、高；锁上小锁头，表示长、宽、高按比例一起变化。缩放功能可以缩放打印任何比例大小的模型，如果大的模型打印时间过长，用料过多，则可以采用缩小的办法来减少打印时间和用料。

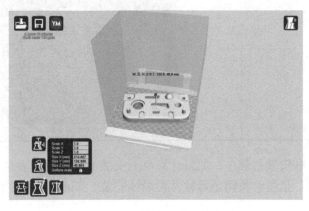

图2-16　调节尺寸

5）镜像调节：【尺寸调节】按钮右侧是【镜像】按钮 ，单击该按钮，模型可以在X轴、Y轴、Z轴3个不同方向进行镜像变化，如图2-17所示。

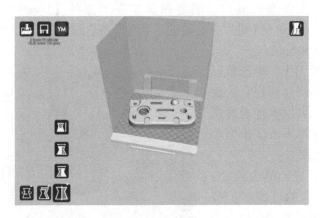

图2-17　镜像

6）不同显示模式：在模型显示区的右上角，分别有Normal（普通）、Overhang（悬垂）、Transparent（透明）、X-Ray（X光）、Layers（层）5种不同显示模式，如图2-18所示。

① 悬垂模式：3D 模型悬垂出来的部分，都会用红色表示。这样可以很容易观察出 3D 打印模型中有问题的部分。

② 透明模式：透明模式不仅可以观察到模型的正面，而且还能观察到模型的反面，以及模型内部的构造。

③ X 光模式：用来观察内部的构造，模型结构显示得更加清晰，便于观察。

④ 层模式：可以模拟打印过程中的分层情况。

完成以上设定后，Cura 软件会自动完成切片，生成 Gcode 文件。单击【保存】按钮，将 Gcode 保存。尽量不要直接连接计算机打印，最方便的方式是将 Gcode 文件存放到 SD 卡中，将 SD 卡插入 3D 打印机的 SD 卡槽进行脱机打印。将 SD 卡插入打印机后，单击【SD 卡】按钮，选择 Align 模型，单击【开始打印】按钮，机器会自行打印。

图 2-18　不同显示模式

> **知识链接**

Cura 是一款智能的前端显示、调整切片大小和打印软件，其用户界面如图 2-19 所示。Cura 软件负责将模型文件切片生成 Gcode 代码，控制打印机的动作，是打印过程的关键。更重要的是，Cura 软件非常易于使用，有着人性化的操作界面，设置简单，且速度非常快，即使第一次使用也可以很快上手。Cura 软件具有非常快的切片速度，操作过程中不需要等待，在查看模型的过程中切片已经在后台完成。

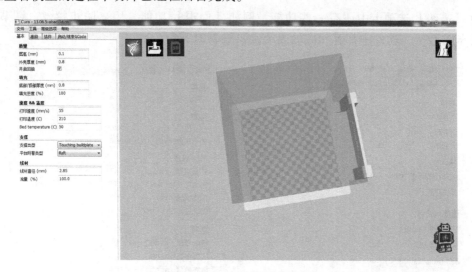

图 2-19　Cura 软件用户界面

一、【基本】选项卡

Cura 软件用户界面【基本】选项卡（图 2-20）中各选项的功能如下：

1.【质量】选项区域

1)【层高】文本框：一般打印设置为 0.2mm，高质量使用 0.1mm，高速但低质量用

0.3mm。0.2mm 的层高既照顾了打印时间又保证了打印精度。

2）【外壳厚度】文本框：通常设置成 2mm 或者 3mm，打印要求强度的结构件大多使用 3mm 的厚度。

2. 【填充】选项区域

1）【底部/顶部厚度】文本框：一般设置为喷头直径的整数倍。

2）【填充密度】文本框：一般不选择 100% 填充和 10% 以下，20% 左右的填充比较合适。

3. 【速度 & 温度】选项区域

1）【打印速度】文本框：在实际打印过程中，大多设置 30% ~ 50% 的打印速度，不建议设置 100% 的打印速度。

2）【打印温度】文本框：根据打印材料来设定温度，常用的 PLA 材料的打印温度范围为 180 ~ 210℃，ABS 材料的打印温度范围为 210 ~ 230℃。

4. 【支撑】选项区域

1）【支撑类型】列表框：有 3 个选项，分别是无支撑、外部支撑和完全支撑。打印模型没有悬空部分，选择无支撑；打印模型外部有悬空部分，选择外部支撑；选择完全支撑，软件会自动填补所有空隙。

2）【平台附着类型】列表框：决定了模型与加热平台的接触面积，用来防止打印件翘边，3 个选项分别是没有底层，在打印物体周围增加很厚的底层，在打印物体周围增加一个厚的底层的同时又增加一个薄的上层。

二、【高级】选项卡

在【高级】选项卡中还有一些功能，例如【回退】功能，用来防止拉丝、调节速度、设置冷却参数等，软件中都有相应的提示，如图 2-21 所示。

图 2-20 【基本】选项卡　　　　　　图 2-21 【高级】选项卡

内容总结

本篇主要以 Align 标准件模型为案例，通过数据采集和处理、逆向建模、3D 打印 3 个部分内容对其进行完整的细化讲解。通过整个案例的学习，对三维扫描仪、3D 打印硬件进行实操，提升动手操作能力，然后学习扫描、处理、逆向、切片等设计软件的操作方法，更快速地掌握其中的命令，并应用到其他案例中。

思考题

1. 对于不同类别的工件进行扫描，扫描前期准备工作如何把控？
2. 哪种类型的工件在扫描时使用手动对齐更合适？
3. 扫描时如何获取精度更高的数据？
4. 进行曲面拟合时，如何能够在保证曲率及特征的情况下，使曲面更光滑？

第三篇

强化项目案例（吸尘器模型）

单元一 吸尘器模型的数据采集和点云数据处理

任务一 了解扫描吸尘器模型的流程

> **任务描述**

本任务是了解图 3-1 所示吸尘器模型的扫描流程，掌握三维数据采集及点云数据处理过程，强化过程中涉及的相关命令。

图 3-1 模型产品

> **任务目标**

熟悉并掌握吸尘器模型数据采集和点云数据处理过程。

> **任务实施**

用三维扫描仪扫描吸尘器模型，扫描流程见表 3-1。

表 3-1 扫描吸尘器模型流程

步骤	内　容	图　　示
1	观察模型颜色和表面材质	

（续）

步骤	内　　容	图　　示
2	喷粉	
3	粘贴标志点	
4	扫描	
5	模型的点云处理	

任务二 扫描吸尘器模型的前期准备

▶ 任务描述

本任务进行扫描吸尘器模型的前期准备，指导大家快速熟悉、掌握粘贴标志点的方法和注意事项，以及合理喷绘模型的方法。

▶ 任务目标

1. 熟悉并掌握粘贴标志点的方法。
2. 熟悉并掌握喷粉的方法。
3. 熟悉并掌握粘贴标志点的注意事项。

▶ 任务实施

1. 喷粉

通过观察发现该吸尘器表面反光，光滑处可能会反射光线，影响正常的扫描效果，因此采用喷涂一层显像剂的方式进行扫描，从而获得更加理想的点云数据，为之后的建模打下基础。

需要注意的是，喷粉距离约为 30cm，尽可能薄且均匀。

2. 粘贴标志点

因为要求扫描吸尘器的整体点云，所以需要粘贴标志点，以进行拼接扫描。

粘贴标志点时的注意事项如下：

1）标志点尽量粘贴在平面区域或者曲率较小的曲面上，且距离工件边界较远一些。

2）标志点不要粘贴在一条直线上，且不要对称粘贴。

3）公共标志点至少为 3 个，但因扫描角度等原因，一般建议以 5~7 个为宜，且应使相机在尽可能多的角度中同时看到。

4）粘贴标志点要保证扫描策略的顺利实施，根据工件的长、宽、高合理分布粘贴。

图 3-2 所示标志点的粘贴较为合理，当然还有其他粘贴方法。

3. 制订扫描策略

通过观察发现该吸尘器整体结构是一个对称模型，为了更方便、更快捷地进行扫描，可使用辅助工具（转盘）对吸尘器进行拼接扫描。（辅助扫描能够节省扫描时间，同时也可以减少粘贴在物体表面上的标志点的数量。）

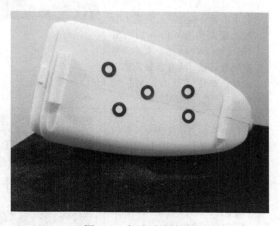

图 3-2 标志点的粘贴

任务三　扫描吸尘器模型

任务描述

　　本任务是扫描吸尘器模型。通过本任务，了解扫描的步骤及内容，理解实施扫描的硬件操作过程和软件模块中的相关功能。

任务目标

　　1. 熟悉并掌握扫描吸尘器模型的方法和步骤。

　　2. 熟悉并掌握三维扫描仪中扫描的方法与技巧。

　　3. 熟悉并掌握三维扫描仪使用过程中的注意事项。

任务实施

　　进行吸尘器模型的扫描，扫描步骤及内容见表3-2。

表3-2　吸尘器的扫描步骤及内容

步骤	内　　容	图　　示
1	新建工程，给工程起个名字，例如【saomiao1】，将吸尘器模型放置在转盘上，确定转盘和吸尘器模型在十字中间，尝试旋转转盘一周，在软件的相机实时显示区观察，以保证能够扫描到吸尘器的整体。观察吸尘器模型在软件中相机实时显示区内的亮度，通过在软件中设置相机曝光值来调整亮度。检查扫描仪到被扫描物体的距离，此距离可以依据软件的相机实时显示区的白色十字与黑色十字重合确定，当两者重合时的距离约为600mm时为最佳，因为600mm的高度点云提取质量最好。所有参数调整完成后，单击【开始扫描】按钮，开始第一步扫描	
2	转动转盘至一定角度，必须保证与步骤1的扫描区域有重合部分，这里说的重合是指标志点重合，即上一步和该步能够同时看到至少3个标志点（该单目设备为3点拼接，但是建议使用4点拼接）	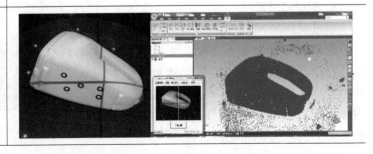

（续）

步骤	内　　容	图　　示
3	操作方法同步骤2，向同一方向继续旋转一定角度进行扫描	
4	操作同步骤2，向同一方向继续旋转一定角度进行扫描，获得吸尘器上表面数据	
5	前面的步骤已经把吸尘器模型的上表面数据扫描完成，下面将吸尘器模型从转盘上取下，翻转转盘，同时也将吸尘器模型进行翻转，扫描其下表面。通过之前手动粘贴的标志点来完成拼接过程，操作方法同步骤2，向同一方向继续旋转一定角度进行扫描，直至获得完整的模型点云数据	

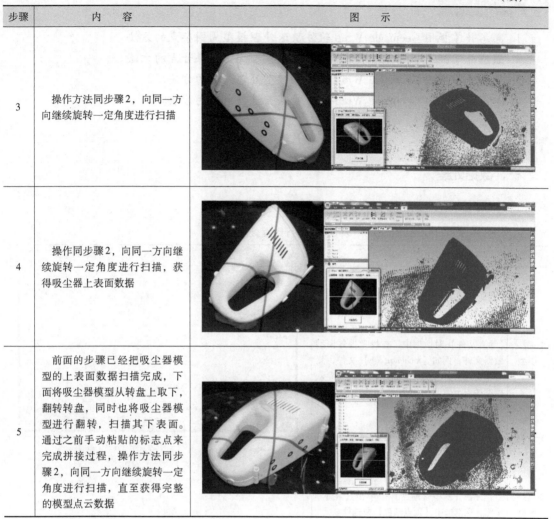

　　扫描工作完成后，在软件扫描界面左侧的【模型管理器】中选择要保存的点云数据，选择【点】→【联合点对象】命令，将多组数据合并为一组数据。在合并后的数据位置单击鼠标右键，在弹出的对话框中单击【保存】按钮，将点云数据保存在指定的目录下，文件的格式为【顶点文件. asc】，例如 xichenqi. asc。

　　需要注意的是，软件默认的单位为【英寸】，可选择工具栏中的【工具】→【单位】命令，将单位修改为【毫米】。

任务四　处理吸尘器模型的点云数据

▶ 任务描述

　　本任务要使用 Geomagic Wrap 软件点云模块中的相关功能，对吸尘器模型的点云数据进行处理，包括如何快速有效地处理杂点，光顺表面，并完成模型产品的点云处理过程。

任务目标

1. 熟悉并掌握用 Geomagic Wrap 软件快速处理模型周围杂点的方法。
2. 熟悉并掌握用 Geomagic Wrap 软件处理模型周围的噪音点的方法。
3. 熟悉并掌握用 Geomagic Wrap 软件将模型处理光顺的方法。
4. 熟悉并掌握用 Geomagic Wrap 软件对点云进行封装的方法。

任务实施

一、数据处理

进行数据处理，步骤见表3-3。

表3-3　进行数据处理的步骤

步骤	内　　容	图　　示
1. 导入模型	启动 Geomagic Wrap 软件，选择菜单栏中的【文件】→【导入】命令，在弹出的【导入文件】对话框中，查找吸尘器模型数据文件，例如【xichenqi.asc】文件，然后单击【打开】按钮，按照默认选项导入模型的点云数据	
2. 点云着色	为了更加清晰、方便地观察点云的形状，对点云进行着色。 • 选择菜单栏中的【点】→【着色点】命令，并在【模型管理器】中单击【显示】按钮，取消选中【顶点颜色】复选框。 • 若点云数据未变为浅绿色，可先选择菜单栏中的【点】→【着色点】→【删除法线】命令，再执行上述操作	
3. 删除杂点	为了对点云进行放大、缩小和旋转操作，应设置点云数据的旋转中心。 • 在三维点云显示区单击鼠标右键，在弹出的菜单中选择【设置旋转中心】命令，在点云的适合位置单击确定。 • 在工程信息树状显示区工具栏中单击【套索选择工具】按钮，在三维点云显示区勾画出吸尘器模型的外轮廓，点云数据呈现红色。 • 单击鼠标右键，在弹出的菜单中选择【反转选区】命令，此时外部的点云数据被选中。 • 选择菜单栏中的【点】→【删除】命令或者按下键盘上的〈Delete〉键，删除杂点	

（续）

步骤	内 容	图 示
4. 选择非连接项	选择菜单栏中的【点】→【选择】→【非连接项】命令，在【模型管理器】中弹出【选择非连接项】对话框。 • 设置【分隔】为低。 • 设置【尺寸】为默认值5.0。 • 单击【确定】按钮，此时点云中的非连接项被选中，并呈现红色。 • 选择菜单栏中的【点】→【删除】命令或者按下键盘上的〈Delete〉键，删除杂点	
5. 删除体外孤点	选择菜单栏中的【点】→【选择】→【体外孤点】命令，在【模型管理器】中弹出【选择体外孤点】对话框。 • 设置【敏感度】为100。 • 单击【确认】按钮，此时点云中的体外孤点被选中，并呈现红色。 • 选择菜单栏中的【点】→【删除】命令或者按下键盘上的〈Delete〉键，删除体外孤点	
6. 删除非连接点云	利用工程信息树状显示区工具栏中的【套索选择工具】按钮，手动删除非连接点云数据	
7. 减少噪音点	选择菜单栏中的【点】→【减少噪音】命令，在【模型管理器】中弹出【减少噪音】对话框。 • 选中【自由曲面形状】单选按钮。 • 设置【平滑度水平】滑块处在中间位置。 • 设置【迭代】为5。 • 设置【偏差限制】为0.05	

（续）

步骤	内　容	图　示
8. 封装三角面片	选择菜单栏中的【点】→【封装】命令，在【模型管理器】中弹出【封装】对话框，该命令将围绕点云进行封装计算，使点云数据转换为多边形模型。 • 在【采样】选项区域通过设置点间距对点云进行采样。 •【最大三角形数】可以进行人为设定，三角形数量设置得越大，封装之后的多边形网格越紧密。 • 最下方的滑块可以调节采样质量的高低，可根据点云数据的实际特性，进行适当的设置	封装 确定　取消 设置 噪音的降低：自动 ☑ 保持原始数据 ☑ 删除小组件 采样 ☐ 点间距　0.0 mm ☐ 最大三角形数　2500000 执行　　　　　　　质量
9. 删除钉状物	选择菜单栏中的【多边形】→【删除钉状物】命令，在【模型管理器】中弹出【删除钉状物】对话框。 • 将【平滑级别】滑块移至中间位置。 • 单击【应用】按钮，并确定	删除钉状物 确定　取消　应用 参数 平滑级别 低　　　　　　　高
10. 填充孔	选择菜单栏中的【多边形】→【全部填充】命令，在【模型管理器】中弹出【全部填充】对话框。 可以根据孔的类型搭配选择不同的方法进行填充	对话框 全部填充 确定　取消　应用 选择孔 取消选择最大数：1 ☑ 加重覆盖孔 ☐ 最大周长 65.525 mm ☐ 自动化 规则：(无) ①曲率:指定新网格必须匹配周围网格曲率。 ②切线:指定新网格必须匹配周围网格曲率，但具有大于曲率的尖端。 ③平面:指定新网格大致平坦。
11. 去除特征	手动选择需要去除特征的区域，选择【多边形】→【去除特征】命令，该命令用于删除模型中不规则的三角形区域，并且插入一个更有秩序且与周边三角连接更好的多边形网格	

（续）

步骤	内　容	图　示
12. 减少噪音点	选择菜单栏中的【多边形】→【减少噪音】命令，在【模型管理器】中弹出【减少噪音】对话框。 • 选中【自由曲面形状】单选按钮。 • 将【平滑度水平】滑块移至中间位置。 • 设置【迭代】为5。 • 设置【偏差限制】为0.05	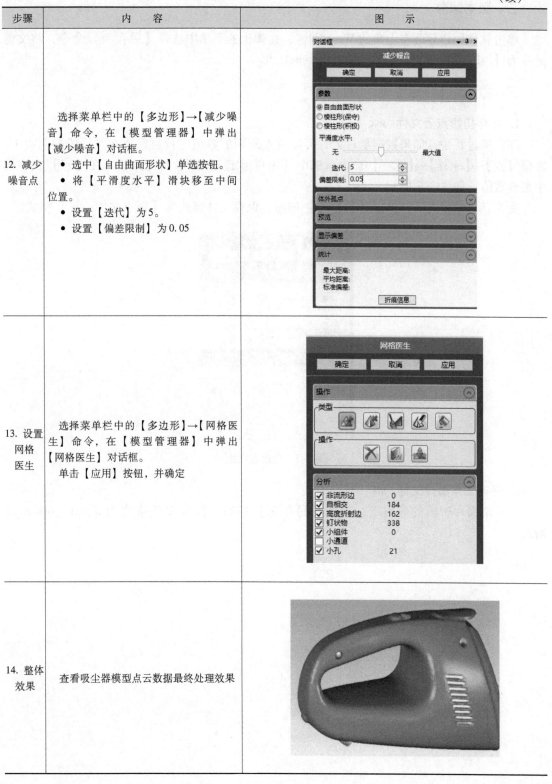
13. 设置网格医生	选择菜单栏中的【多边形】→【网格医生】命令，在【模型管理器】中弹出【网格医生】对话框。 单击【应用】按钮，并确定	
14. 整体效果	查看吸尘器模型点云数据最终处理效果	

二、数据保存

单击软件用户界面左上角的 Wrap 图标，在弹出的菜单中选择【另存为】命令，将文件另存为【. stl（binary）】文件。例如 xichenqi. stl。

三、数据输出注意事项

1. 保存初始点云文件 . asc

在扫描过程中，如果数据量过大，可以对点间距的数值进行更改。在点阶段的前提下，选择【点】→【采样】→【统一】命令，选中【由目标定义间距】单选按钮，在【点】文本框中更改数值，如图3-3 所示。

更改点云数量之后，单击【另存为】按钮，保存文件格式为【顶点文件 . asc】格式。

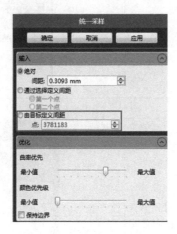

图 3-3　更改点间距

2. 保存三角面片文件 . stl

在三角面片阶段的前提下，单击【另存为】按钮，保存文件格式为【. stl（binary）】格式。

单元二　吸尘器模型的逆向建模

任务一　重构吸尘器模型特征曲面

> 任务描述

本任务是吸尘器模型（图3-4）特征曲面的重构。

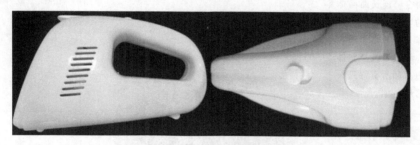

图3-4　吸尘器模型

> 任务目标

1. 熟悉并掌握吸尘器模型逆向建模过程及特征曲面重构的思路。
2. 熟悉并掌握 Geomagic Design X 软件根据领域组创建自由曲面的原理。
3. 熟悉并掌握 Geomagic Design X 软件基于草图、面片草图进行体拉伸的原理。
4. 熟悉并掌握 Geomagic Design X 软件倒圆角的原理。

> 任务实施

重构吸尘器模型特征曲面的过程，见表3-4。

表3-4　重构吸尘器模型特征曲面的过程

步骤	内　容	图　示
1. 创建坐标系	• 【平面】命令：用于构建新参照平面。此平面可用于创建面片草图、镜像特征并分割面片交集中的面片和轮廓。 • 【手动对齐】命令：可使用简单的【3-2-1】对齐方式进行特征的选取，并对齐坐标系	

（续）

步骤	内　容	图　　示
吸尘器模型： 创建曲面Ⅰ 	●【放样向导】命令：从单元面或者领域中提取放样对象。向导会以智能方式计算多个断面轮廓并基于所选数据创建放样路径	
	●【延长曲面】命令：延长曲面体的境界。用户可选择并延长单个曲面边线或者选择整体曲面和所有待延长的开放边线	
2. 创建 曲面	●【剪切曲面】命令：运用剪切工具将曲面体剪切成片。剪切工具可以是曲面、实体或者曲线。可手动选择剩余材质	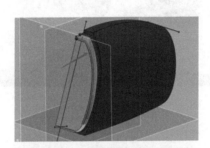 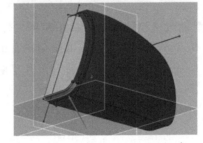 
吸尘器模型： 创建曲面Ⅱ 	●【曲面拉伸】命令：根据草图和平面方向创建新曲面实体。可进行单向或者双向拉伸，且可通过输入值或者【高达】条件定义拉伸尺寸	
	●【面片拟合】命令：将曲面拟合至所选单元面或者区域上	
	●【圆角】命令：在实体或者曲面体的边线上创建圆角特征	

（续）

步骤	内 容	图 示
3. 创建特征 I	• 【缝合】命令：将相邻曲面结合到单个曲面或者实体中。必须首先剪切待缝合的曲面，以使其相邻边线在同一条直线上	R: 9 mm R: 17 mm R: 6 mm R: 17 mm R: 6 mm R: 6 mm R: 15 mm R: 7 mm 吸尘器模型： 创建特征 I
4. 创建特征 II	• 【实体拉伸】命令：根据草图和平面方向创建新实体。可进行单向或者双向拉伸，且可通过输入值或者【高达】条件定义拉伸尺寸。 • 【镜像】命令：镜像有关面或者平面的单个特征	
5. 生成实体	• 【布尔运算】命令：将多个部分整合为一个实体。用其他部分作为切割工具，移除部分中的区域，将多个部分合并在一起（只留下部分重叠的区域）	
6. 创建特征 III		55 mm 53 mm 吸尘器模型： 创建特征 III

（续）

步骤	内　容	图　　示
7. 查看模型	查看最终模型	

任务二　吸尘器模型逆向建模步骤及数据输出

▶ 任务描述

本任务采用 Geomagic Design X 软件建模模块中相关功能完成吸尘器模型逆向建模的过程，理解逆向建模工程的原理以及重构特征曲面的方法和技巧。

▶ 任务目标

1. 熟悉并掌握 Geomagic Design X 软件中绘制草图、3D 草图和面片草图的方法。
2. 熟悉并掌握对称工件对齐坐标的方法。
3. 熟悉并掌握细节特征的创建方法和命令。

▶ 任务实施

一、吸尘器模型逆向建模

步骤见表 3-5。

表 3-5　吸尘器模型逆向建模步骤

步骤	内　容	图　　示	操作说明
1. 创建坐标系	选择菜单栏中的【插入】→【导入】按钮，导入 xichenqi. stl 数据文件		吸尘器模型：导入数据及创建坐标系

（续）

步骤	内　容	图　示	操作说明
2. 创建基准平面 I	选择菜单栏中的【模型】→【平面】命令。 ● 设置【要素】为点云数据，用矩形选择模式，在三维点云显示区勾画出矩形区域。 ● 设置【方法】为提取。 ● 单击【√】按钮确认，创建基准平面 I	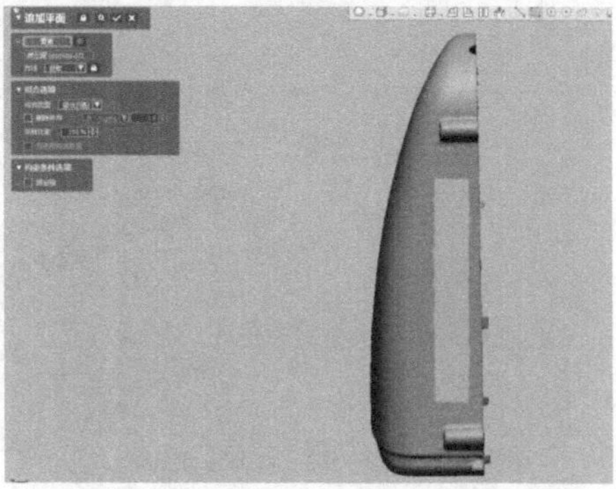	1. 创建坐标系的目的：事物的一切抽象概念都是参照于其所属的坐标系存在的，同一个事物在不同的坐标系中就会由不同抽象概念表示。在软件中创建坐标系，也是为了说明质点的位置和方向等。同时也方便后续的草图、拉伸等命令的使用。 　2. 创建坐标系的方法：通常在建立坐标系过程中，需要先创建相应的特征点、特征线或者是特征平面，例如圆的中心点、圆柱的轴线、正方体的表面等。将其与坐标系的 X 轴、Y 轴、Z 轴和原点对应，创建坐标系。左边是该模型在创建坐标系时应用到的两个特征：（方法不唯一）
3. 创建基准平面 II	选择菜单栏中的【模型】→【平面】命令。 ● 设置【要素】为点云数据，用矩形选择模式，在三维点云显示区勾画出矩形区域。 ● 设置【方法】为选择多个点。将模型摆正，选择右图所示的多个点。 ● 单击【√】按钮确认，创建基准平面 II		
4. 手动对齐	选择菜单栏中的【对齐】→【手动对齐】命令，单击【下一阶段】按钮。 ● 在【移动】选项区域中选中【3-2-1】单选按钮。 ● 设置【平面】为基准平面 II。 ● 设置【线】为基准平面 I。 ● 单击【√】按钮确认，对齐坐标系。 （注：用于创建坐标系的领域组和基准平面可隐藏或者删除。）		

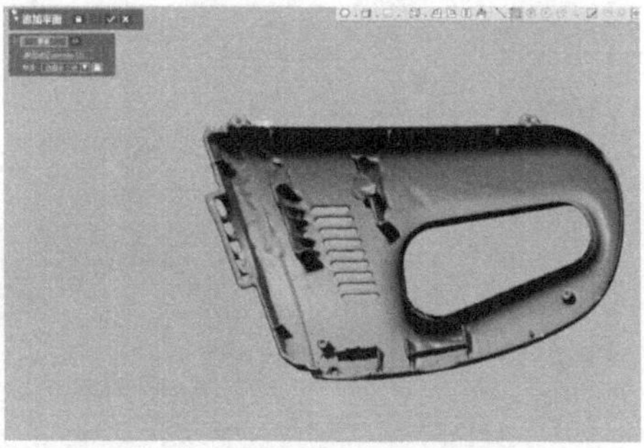

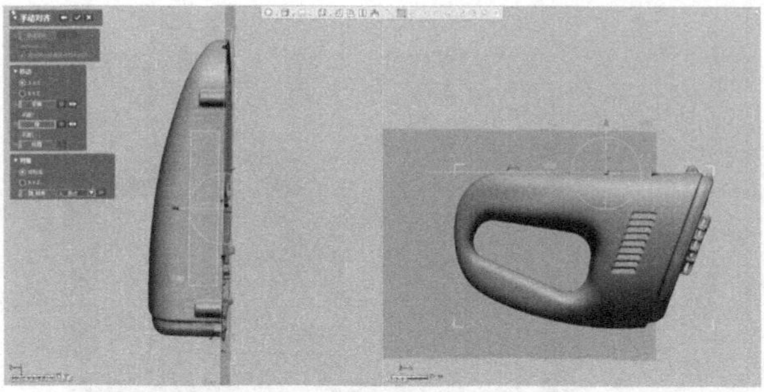

（续）

步骤	内　容	图　　示	操作说明
5. 绘制领域组	单击菜单栏中的【领域】按钮，进入领域组模式。 ● 单击【画笔选择模式】按钮，手动绘制领域。 ● 单击【插入】按钮，插入新领域	 吸尘器模型： 绘制领域组	领域组是 Geomagic Design X 软件中特有的命令。它可以根据扫描数据的曲率和特征，将面片归类为不同的几何领域，实现对面片的编辑。
6. 放样曲面Ⅰ	选择菜单栏中的【模型】→【放样向导】命令。 ● 选择领域，创建放样曲面Ⅰ。 ● 单击【√】按钮确认		此内容是对模型大曲面特征进行创建。需要注意的是，在绘制领域的过程中，周边圆角部位不要勾选。在创建曲面的过程中，先忽略中间贯通的区域，后期单独创建该特征
7. 延长曲面Ⅰ	选择菜单栏中的【模型】→【延长曲面】命令。 ● 将放样曲面Ⅰ延长，创建延长曲面Ⅰ。 ● 设置【距离】为5mm。 ● 单击【√】按钮确认	5 mm	

（续）

步骤	内　容	图　示	操作说明
8. 绘制草图Ⅰ	选择菜单栏中的【草图】→【草图】命令。 • 设置【基准平面】为前平面，在三维点云显示区绘制一条直线，创建草图Ⅰ。 • 单击【√】按钮确认		
9. 创建曲面拉伸Ⅰ	选择菜单栏中的【模型】→【曲面拉伸】命令。 • 设置【基准草图】为草图Ⅰ。 • 设置【方法】为距离，【长度】为35mm，创建拉伸曲面Ⅰ。 • 单击【√】按钮确认		此内容是模型前端的外形曲面，采用绘制草图、拉伸曲面的方式，创建前端外观轮廓的两个侧面，并与放样曲面进行衔接
10. 延长曲面Ⅱ	选择菜单栏中的【模型】→【延长曲面】命令。 • 将步骤9拉伸出来的曲面延长，创建延长曲面Ⅱ。 • 设置【距离】为16.5mm。 • 单击【√】按钮确认		

（续）

步骤	内 容	图 示	操作说明
11. 剪切曲面Ⅰ	选择菜单栏中的【模型】→【剪切曲面】命令。 ● 设置【工具要素】为步骤7和步骤10延长的两曲面体。 ● 设置【对象】为步骤7和步骤10延长的两曲面体，即两曲面体互相剪切，创建剪切曲面1。 ● 单击【√】按钮确认		
12. 倒圆角Ⅰ	选择菜单栏中的【模型】→【圆角】命令 ● 选中【固定圆角】单选按钮。设置【半径】为 5mm，对步骤11剪切的平面进行倒角。 ● 单击【√】按钮确认	R : 5 mm	此内容是模型前端的外形曲面，采用绘制草图、拉伸曲面的方式，创建前端外观轮廓的两个侧面，并与放样曲面进行衔接
13. 绘制草图Ⅱ	选择菜单栏中的【草图】→【面片草图】命令。 ● 设置【基准平面】为前平面，在三维点云显示区绘制一条直线，创建草图Ⅱ。 ● 单击【√】按钮确认		

（续）

步骤	内　容	图　示	操作说明
14. 创建曲面拉伸Ⅱ	选择菜单栏中的【模型】→【曲面拉伸】命令。 ● 设置【基准草图】为草图Ⅱ。 ● 设置【方法】为距离，【长度】为35mm，创建曲面拉伸Ⅱ。 ● 单击【√】按钮确认		
15. 剪切曲面Ⅱ	选择菜单栏中的【模型】→【剪切曲面】命令。 ● 设置【工具要素】为步骤12曲面体和步骤14拉伸曲面。 ● 设置【对象】为步骤12曲面体和步骤14拉伸曲面，即两曲面体互相剪切，创建剪切曲面Ⅱ。 ● 单击【√】按钮确认		此内容是模型前端的外形曲面，采用绘制草图、拉伸曲面的方式，创建前端外观轮廓的两个侧面，并与放样曲面进行衔接
16. 倒圆角Ⅱ	选择菜单栏中的【模型】→【圆角】命令 ● 选中【固定圆角】单选按钮。设置【半径】为15.5mm，对步骤15剪切的平面进行倒角。 ● 单击【√】按钮确认		

（续）

步骤	内　容	图　　示	操作说明
17. 绘制草图Ⅲ	选择菜单栏中的【草图】→【面片草图】命令。 • 设置【基准平面】为前平面，在三维点云显示区绘制一条直线，创建草图Ⅲ。 • 单击【√】按钮确认	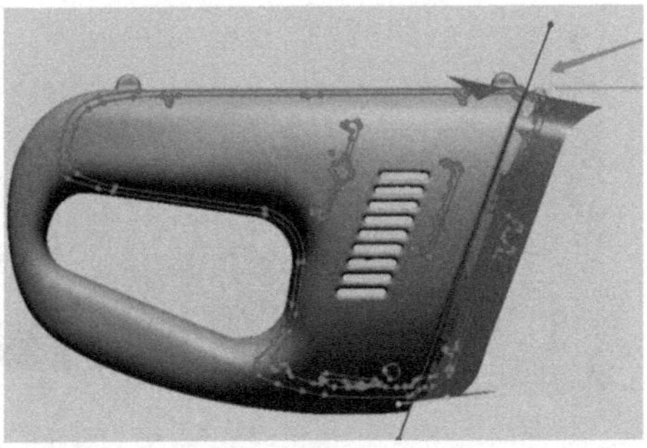	
18. 创建曲面拉伸Ⅲ	选择菜单栏中的【模型】→【曲面拉伸】命令。 • 设置【基准草图】为草图Ⅲ。 • 设置【距离】为100mm。 • 单击【√】按钮确认	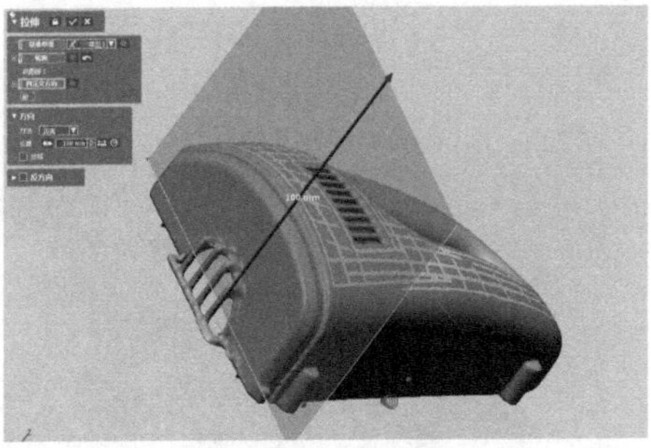	此内容为创建模型的主轮廓曲面
19. 拟合曲面Ⅰ	选择菜单栏中的【模型】→【面片拟合】命令。 • 设置【领域】如右图所示。 • 设置【分辨率】为控制点数，【U控制点数】为15，【V控制点数】为10。 • 单击【√】按钮确认	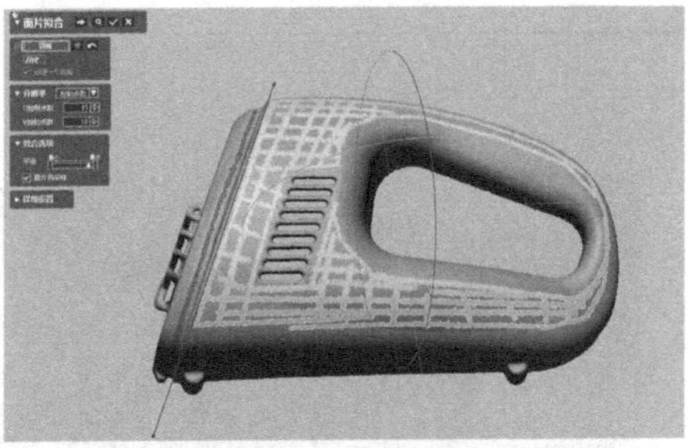	

（续）

步骤	内　容	图　　示	操作说明
20. 绘制草图Ⅳ	选择菜单栏中的【草图】→【面片草图】命令。 ● 设置【基准平面】为前平面。 ● 利用【3点圆弧】【直线】【变换要素】等命令，绘制草图Ⅳ。（注：利用【变换要素】命令提取拉伸3曲面的一条轮廓线，并进行修剪。） ● 单击【√】按钮确认		
21. 创建曲面拉伸Ⅳ	选择菜单栏中的【模型】→【曲面拉伸】命令。 ● 设置【基准草图】为草图Ⅳ。 ● 设置【距离】为50mm。 ● 单击【√】按钮确认		此内容为创建模型的主轮廓曲面
22. 删除曲面	选择菜单栏中的【模型】→【删除面】命令。 ● 设置【面】为手动删除拉伸出来的一个曲面。 ● 单击【√】按钮确认		

（续）

步骤	内　　容	图　　示	操作说明
23. 放样 曲面Ⅱ	选择菜单栏中的【模型】→【曲面放样】命令。 ● 设置【轮廓】为边线1和边线2。 ● 设置【约束条件】为与面相切。 ● 参数设置分别为1.5和1.6。 ● 单击【√】按钮确认		此内容为创建模型的主轮廓曲面
24. 缝合 曲面Ⅰ	选择菜单栏中的【模型】→【缝合】命令。 ● 将上述放样出来的曲面和拉伸出来的侧曲面进行缝合，使其成为一个曲面。 ● 单击【√】按钮确认		
25. 剪切 曲面Ⅲ	选择菜单栏中的【模型】→【剪切曲面】命令。 ● 设置【工具要素】为步骤24缝合的曲面体和拟合曲面Ⅰ。 ● 设置【对象】为步骤24缝合的曲面体和面片拟合Ⅰ，即两曲面体互相剪切，创建剪切曲面Ⅲ。 ● 设置【残留体】为中间区域。 ● 单击【√】按钮确认		此内容是对主曲面的侧面与上表面进行衔接的过程

（续）

步骤	内　容	图　　示	操作说明
26. 剪切曲面Ⅳ	选择菜单栏中的【模型】→【剪切曲面】命令。 • 设置【工具要素】为前平面。 • 设置【对象】步骤16倒圆角后的曲面体，创建剪切曲面Ⅳ。 • 设置【残留体】如右图所示。 • 单击【√】按钮确认		
27. 剪切曲面Ⅴ	选择菜单栏中的【模型】→【剪切曲面】命令。 • 设置【工具要素】为步骤25剪切后的曲面体。 • 设置【对象】为步骤26剪切后的曲面体。 • 设置【残留体】如右图所示，创建剪切曲面Ⅴ。 • 单击【√】按钮确认		此内容是对主曲面与前端曲面进行衔接的过程
28. 剪切曲面Ⅵ	选择菜单栏中的【模型】→【剪切曲面】命令。 • 设置【工具要素】为剪切曲面Ⅴ。 • 设置【对象】为剪切曲面Ⅳ。 • 设置【残留体】为主曲面的大面。 • 单击【√】按钮确认		

（续）

步骤	内　容	图　　　示	操作说明
29. 绘制草图 V	选择菜单栏中的【草图】→【面片草图】命令。 ● 设置【基准平面】为前平面。 ● 利用【直线】命令绘制草图 V。 ● 单击【√】按钮确认		
30. 创建曲面拉伸 IV	选择菜单栏中的【模型】→【曲面拉伸】命令。 ● 设置【轮廓】为草图 IV。 ● 设置【距离】为 50mm。 ● 单击【√】按钮确认	50 mm	此内容是对主曲面与前端曲面进行衔接的过程
31. 剪切曲面 VII	选择菜单栏中的【模型】→【剪切曲面】命令。 ● 设置【工具要素】为曲面拉伸 IV。 ● 设置【对象】为剪切曲面 V。 ● 设置【残留体】为中间部分，创建剪切曲面 VII。 ● 单击【√】按钮确认		

（续）

步骤	内　容	图　示	操作说明
32. 绘制草图Ⅵ	选择菜单栏中的【草图】→【面片草图】命令。 ● 设置【基准平面】为前平面。 ● 利用【直线】命令绘制草图Ⅵ。 ● 单击【√】按钮确认		
33. 创建曲面拉伸Ⅴ	选择菜单栏中的【模型】→【曲面拉伸】命令 ● 设置【轮廓】为草图Ⅴ。 ● 设置【距离】为50mm，创建拉伸曲面Ⅴ。 ● 单击【√】按钮确认	50 mm	此内容是对主曲面与前端曲面进行衔接的过程
34. 绘制草图Ⅶ	选择菜单栏中的【草图】→【面片草图】命令。 ● 设置【基准平面】为曲面拉伸Ⅵ。 ● 利用【3点圆弧】【直线】命令绘制草图Ⅶ。 ● 单击【√】按钮确认		

（续）

步骤	内　容	图　　示	操作说明
35. 剪切曲面Ⅷ	选择菜单栏中的【模型】→【剪切曲面】命令。 • 设置【工具要素】为草图Ⅵ。 • 设置【对象】为剪切曲面Ⅸ。 • 设置【残留体】为中间部分，创建剪切曲面Ⅷ。 • 单击【√】按钮确认		
36. 放样曲面Ⅲ	选择菜单栏中的【模型】→【曲面放样】命令。 • 设置【轮廓】为右图所示的两边线。 • 设置【起/始约束条件】为与面相切。 • 单击【√】按钮确认		此内容是对主曲面与前端曲面进行衔接的过程
37. 缝合曲面Ⅱ	选择菜单栏中的【模型】→【缝合】命令。 • 对上述操作的曲面进行缝合，使其成为一个曲面。 • 单击【√】按钮确认		

（续）

步骤	内　容	图　示	操作说明
38. 倒圆角Ⅲ	选择菜单栏中的【模型】→【圆角】命令。 ● 选中【可变圆角】单选按钮。 ● 设置【半径】分别为5mm、4mm、4mm、6mm、10mm、11.5mm、15mm。（注：圆角参数仅供参考。） ● 单击【√】按钮确认	R: 5 mm　R: 4 mm R: 6 mm R: 10 m R: 11.5 mm R: 15 mm	此内容是对主体曲面进行倒圆角操作。观察模型圆角的部位，可以看出圆角的部位是不断变化的，并非固定值。所以，此处采用的是【可变圆角】操作
39. 绘制草图Ⅷ	选择菜单栏中的【草图】→【面片草图】命令。 ● 设置【基准平面】为前平面。 ● 利用【3点圆弧】【直线】命令绘制草图Ⅷ。 ● 单击【√】按钮确认		
40. 创建曲面拉伸Ⅷ	选择菜单栏中的【模型】→【曲面拉伸】命令。 ● 设置【轮廓】为草图Ⅷ。 ● 设置【距离】为50mm。 ● 单击【√】按钮确认	50 mm	此内容是对手柄部位的特征进行创建

（续）

步骤	内　容	图　示	操作说明
41. 剪切曲面Ⅸ	选择菜单栏中的【模型】→【剪切曲面】命令。 • 设置【工具要素】为曲面拉伸Ⅶ和圆角Ⅲ。 • 设置【对象】为曲面拉伸Ⅶ和圆角Ⅲ。 • 设置【残留体】如右图所示。 • 单击【√】按钮确认		此内容是对手柄部位的特征进行创建
42. 倒圆角Ⅳ	选择菜单栏中的【模型】→【圆角】命令。 • 选中【可变圆角】单选按钮。 • 设置【半径】分别为17mm、17mm、9mm、6mm、6mm、6mm、7mm、15mm。（注：圆角参数仅供参考。） • 单击【√】按钮确认		
43. 绘制草图Ⅸ	选择菜单栏中的【草图】→【面片草图】命令。 • 设置【基准平面】为曲面拉伸Ⅴ，即模型前端的直面。 • 利用【圆】命令绘制一个同心圆草图Ⅸ。 • 单击【√】按钮确认		此内容为创建模型前端部位的特征

（续）

步骤	内　容	图　示	操作说明
44. 实体拉伸 I	选择菜单栏中的【模型】→【拉伸实体】命令。 • 设置【轮廓】为草图Ⅸ。 • 设置【距离】为2mm。 • 单击【√】按钮确认		
45. 绘制草图Ⅹ	选择菜单栏中的【草图】→【面片草图】命令。 • 设置【基准平面】为前平面。 • 利用【直线】命令绘制草图Ⅹ。 • 单击【√】按钮确认		此内容为创建模型前端部位的特征
46. 实体拉伸Ⅱ	选择菜单栏中的【模型】→【拉伸实体】命令。 • 设置【轮廓】为草图Ⅹ。 • 设置【距离】为2mm。 • 单击【√】按钮确认		

（续）

步骤	内 容	图 示	操作说明
47. 创建特征	利用同样的方法，将特征绘制出来，使其拉伸成实体		此内容为创建模型前端部位的特征
48. 镜像实体	选择菜单栏中的【模型】→【镜像】命令。 • 设置【对称平面】为前平面。 • 对上述绘制的特征进行镜像。 • 单击【√】按钮确认		
49. 镜像曲面	选择菜单栏中的【模型】→【镜像】命令。 • 设置【对称平面】为前平面。 • 对上述操作的曲面体进行镜像。 • 单击【√】按钮确认		
50. 缝合曲面Ⅲ	选择菜单栏中的【模型】→【缝合】命令。 • 对步骤49镜像的曲面进行缝合，使其成为一个曲面。 • 单击【√】按钮确认		

（续）

步骤	内 容	图 示	操作说明
51. 布尔运算	选择菜单栏中的【模型】→【布尔运算】命令。 • 将所有创建的实体进行合并。 • 单击【√】按钮确认		此内容是将上述操作的几个实体合并为统一整体
52. 绘制草图XI	选择菜单栏中的【草图】→【面片草图】命令。 • 设置【基准平面】为前平面。 • 选择线性草图阵列，对其进行阵列，绘制草图XI。 • 单击【√】按钮确认		
53. 实体拉伸Ⅲ	选择菜单栏中的【模型】→【拉伸实体】命令。 • 设置【基准草图】为草图XI。 • 设置【距离】为53mm。 • 设置【反方向】为55mm。 • 设置【结果运算】为切割。 • 单击【√】按钮确认		此内容是创建模型的另一个特征

（续）

步骤	内　容	图　示	操作说明
54. 查看最终模型	最终的建模文件如右图所示		

二、数据输出注意事项

完成逆向建模操作后的吸尘器模型在数据输出时的注意事项同第二篇 Align 模型的逆向建模数据输出注意事项，此处不赘述。

单元三　三维数字化检测过程

任务一　了解三维数据对比检测的操作流程

▶ 任务描述

本任务是了解三维数据对比检测的操作流程，了解数据检测有 .stp 和 .stl 两种文件格式。

▶ 任务目标

1. 熟悉并掌握数据对比检测的操作流程。
2. 熟悉并掌握数据检测的两种格式文件：逆向建模文件 .stp 和点云处理文件 .stl。

▶ 任务实施

三维数据对比检测的操作流程如图 3-5 所示。

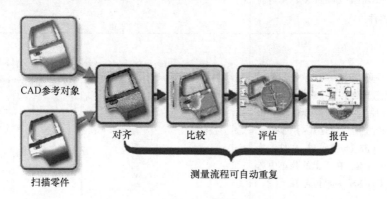

图 3-5　三维数据对比检测的操作流程

任务二　吸尘器模型的三维数字化检测步骤

▶ 任务描述

本任务是使用 Geomagic Control X 对比检测软件的相关功能，包括最佳拟合对齐、3D 比较、2D 比较、2D 尺寸标注等，对吸尘器模型进行三维数字化检测，最后生成一个数据检测的对比报告，方便用户更加直观、清晰地了解模型创建的误差情况，从而优化逆向设计过程。

> **任务目标**

1. 熟悉并掌握 Geomagic Control 对比检测软件的基本功能。
2. 熟悉并掌握各环节操作的参数设置方法。
3. 熟悉并掌握报告的生成格式。

> **任务实施**

一、吸尘器模型的三维数字化检测步骤（表3-6）

表3-6　吸尘器模型的三维数字化检测步骤

步骤	内　容	图　示
1. 数据导入	双击 Geomagic Control X 对比检测软件桌面快捷方式打开软件，将经过 Wrap 处理后的点云数据 .stl 文件和经过 Geomagic Design X 建模后的 .stp 文件同时导入 Geomagic Control X 对比检测软件中。（注：银色为经过 Wrap 处理后的点云数据 .stl 文件，黄色为经过 Geomagic Design X 建模后的 .stp 文件。）	
2. 参数设置	在 Geomagic Control 软件左侧的【模型管理器】中，单击【xichenqi】文件，单击鼠标右键，在弹出的菜单中选择【设置 Test】选项。 • 单击【xichenqi】文件，单击鼠标右键，在弹出的菜单中选择【设置 Reference】选项	
3. 最佳拟合对齐	单击【最佳拟合对齐】按钮。 • 移动一个对象到另一个对象上（当测试对象和参考对象同时存在或者在模型管理器中选中其中一个对象时，可用此方法）。 • 单击【应用】按钮，并确定	

（续）

步骤	内　容	图　示
4. 3D 比较	单击【3D 比较】按钮，生成一个 3D 的以不同颜色区分测试和参考对象间不同偏差的颜色偏差图。此比较被保存在【模型管理器】一个新的结果对象中。 　• 设置【最大临界值】为 0.5mm，【最小临界值】为 -0.5mm；设置【最大名义值】为 0.1mm，【最小名义值】为 -0.1mm。 　• 单击【√】按钮，并确定。 （注：最值临界值和最值名义值按照具体要求进行设置，这里的数值仅供参考。）	
5. 创建 注释	单击【创建注释】按钮，在用户定义的位置创建测试对象与参考对象之间偏差的标注。 　提示：根据需求对模型进行标注，可摆放不同位置进行注释，且标注的数量不固定	
6. 2D 比较	单击【2D 比较】按钮，生成能以图形方式说明测试对象与参考对象之间偏差的二维横截面。根据需要自定义剖切平面。 　• 单击【计算】按钮。 　提示：完成之后，可以单击【下一个】按钮，根据需要创建新的多组剖切平面	

（续）

步骤	内　容	图　示
7. 创建注释	单击软件左侧的【模型管理器】按钮，将 3D 比较位置展开，找到【2D 比较】时计算出的横截面线【2D 比较 1】选项 　　单击【创建注释】按钮，在用户定义的位置创建测试对象与参考对象之间偏差的标注。 　　提示：根据需求对模型进行标注，可摆放不同位置进行注释，且标注的数量不固定	
8. 2D尺寸	单击【贯穿对象截面】按钮，创建点对象、多边形或者 CAD 对象的横截面。 　　● 在命令对话框中，可根据需要自定义剖切平面。 　　● 单击【计算】按钮，并确认	
9. 2D 尺寸标注	单击【2D尺寸】按钮，标注所需要的 2D 尺寸	

（续）

步骤	内　容	图　示
10. 生成报告	单击【创建报告】按钮，按照指示的【内容】【格式】【输出类型】等选项生成报告，并将其保存在默认【选项】中指定的文件夹内。 ● 单击【另存为】按钮，在弹出的对话框内，可根据需要填写相关信息	报告名称： 标题： 作者： 客户名称： 检测日期　三月　▼　20　▼　2019　▼ 确定　　取消

二、数据输出注意事项

1）Geomagic Control 对比检测软件中的生成报告功能可自动生成详细的检测报告，报告中包含检测数据、多重视图、注释等结果。自动生成检测报告的格式有 HTML、PDF、3D PDF、WordML、XPS、CSV 和 XML 等，可在【报告】选项卡中进行选择。

2）生成的 3D PDF 格式的报告，可以用 Adobe Reader 软件查看全交互的三维模型报告。

3）导出的 CSV 和 Unicode 数据可以应用于趋势分析和统计过程控制（SPC）。

4）Geomagic Control 对比检测软件还允许用户使用报告设计工具设计和自定义检测报告。

5）Geomagic Control 对比检测软件可以定制报告，可以选择或者排除某些视图、表格和专栏，可以为指定的格式设置字体类型和大小，下载专门的 Logo，甚至创建定制化的报告模板。

单元四 吸尘器产品的创新设计

任务 吸尘器产品的创新设计步骤

▶ 任务描述

本任务将详细介绍吸尘器产品创新设计的过程。同样也是在 Geomagic Design X 逆向建模软件中操作并完成创新项目。

▶ 任务目标

1. 熟悉并掌握产品创新设计的要点。
2. 熟悉并掌握产品创新设计的要求、方法和技巧。

▶ 任务实施

一、创新设计要求

1）对吸尘器电动机舱体左侧壳体镜像，得到右侧壳体数字模型，将左、右两侧壳体进行装配，得到电动机舱体。

2）借鉴现场给定的电池固定方式，在电动机舱的合适位置规划电池空间，并设计电池的固定结构。

3）要求在不打开电动机舱体的情况下可以更换电池，具体要求：电池的安装方式为可装配、拆卸，外形设计美观，结构合理；可以方便取出电池进行更换；电池固定牢固，不松动。

二、创新设计

进行吸尘器产品的创新设计，步骤见表3-7。

表 3-7 吸尘器产品的创新设计步骤

步骤	内 容	图 示
1. 绘制草图 I	以模型底平面为基准平面，绘制对称草图 I。 尺寸分别为55mm、10mm、8mm、6mm	

（续）

步骤	内　容	图　示
2. 实体 拉伸Ⅰ	实体拉伸草图Ⅰ，拉伸距离为1mm。 　设置【结果运算】为切割	
3. 绘制 草图Ⅱ	以实体切割后的平面为基准平面，绘制对称草图Ⅱ。 　尺寸分别为 7mm、1mm、2mm、7.5mm；间隔为 2mm、48mm、11mm，半径为3mm	
4. 实体 拉伸Ⅱ	实体拉伸草图Ⅱ，拉伸【长度】为6mm。 　设置【结果运算】为切割	
5. 绘制 草图Ⅲ	以实体切割后的侧平面为基准平面，绘制对称草图Ⅲ。 　设置【半径】为6mm	
6. 实体 拉伸Ⅲ	实体拉伸草图Ⅲ，拉伸【长度】为48mm。 　设置【结果运算】为切割	

（续）

步骤	内　　容	图　　示
7. 绘制草图Ⅳ	以箭头指示平面为基准平面，绘制矩形草图Ⅳ。 尺寸为18mm、2.5mm	
8. 实体拉伸Ⅳ	实体拉伸草图Ⅳ，拉伸【长度】为1mm。 设置【拔模角度】为30°。 设置【结果运算】为切割	
9. 绘制草图Ⅴ	以箭头指示平面为基准平面，绘制矩形草图Ⅴ。 利用【提取要素】命令，提取要素并绘制矩形草图。 尺寸为55mm、28mm	
10. 实体拉伸Ⅴ	实体拉伸草图Ⅴ，拉伸【长度】为1mm。 设置【结果运算】为无	

（续）

步骤	内 容	图 示
11. 绘制草图Ⅵ	以中间对称平面为基准平面，在凹槽位置绘制草图Ⅵ。 尺寸根据需要自行调整	
12. 实体拉伸Ⅵ	实体拉伸草图Ⅵ，正、反两边拉伸【长度】为5.5mm。 设置【结果运算】为无	
13. 绘制草图Ⅶ	以中间对称平面为基准平面，在电池盒底部位置绘制草图Ⅶ。 根据需要自行调整尺寸	
14. 实体拉伸Ⅶ	实体拉伸草图Ⅶ，正、反两边拉伸【长度】为8.5mm。 设置【结果运算】为无	
15. 布尔运算	合并上述操作的几个实体	

（续）

步骤	内　容	图　示
16. 创建基准平面	单击【平面】按钮，追加一个基准平面Ⅰ。 单击上表面，将其偏移4mm	
17. 绘制草图Ⅷ	以上述追加的基准平面Ⅰ为基准平面，绘制L形直线草图Ⅷ。 尺寸为2.5mm、5mm，半径为0.25mm	
18. 螺旋体曲线Ⅰ	选择菜单栏中的【插入】→【建模特征】→【螺旋体曲线】命令，绘制螺旋线。 ● 选中【固定】单选按钮。 ● 设置【轴】为草图Ⅷ一侧的长线段。 ● 设置【开始】为同侧草图的短线段的端点。 ● 调整下方黄色线段，设置【高度】为5mm。 ● 设置【半径】为1mm。 ● 设置【螺距】为1mm	

（续）

步骤	内　容	图　示
19. 扫描实体 I	单击【扫描】按钮，扫描实体。 • 设置【轮廓】为草图Ⅷ中的草图圆，【路径】为螺旋线。 • 设置【结果运算】为合并	
20. 螺旋体曲线 Ⅱ	选择菜单栏中的【插入】→【建模特征】→【螺旋体曲线】命令，绘制螺旋线。 • 选中【固定】单选按钮。 • 设置【轴】为草图Ⅷ另一侧的长线段。 • 设置【开始】为同侧草图的短线段的端点。 • 调整下方黄色线段，设置【高度】为5mm。 • 设置【半径】为1mm。 • 设置【螺距】为1mm	
21. 扫描实体 Ⅱ	单击【扫描】按钮，扫描实体。 • 设置【轮廓】为草图Ⅷ中的草图圆，路径为螺旋线。 • 设置【结果运算】为合并	
22. 绘制草图Ⅸ	单击【草图】按钮，以基准平面 I 为基准平面，在弹簧的对立中间处，绘制等腰梯形草图Ⅸ，共计两个子草图。 　尺寸为0.7mm、0.5mm、0.5mm	

（续）

步骤	内　　容	图　　示
23. 回转实体Ⅰ	单击【回转】按钮，进行回转实体。 • 设置【轮廓】为其中一个草图环路。 • 设置【轴】为等腰梯形的侧边。 • 设置【结果运算】为合并	
24. 回转实体Ⅱ	同理，单击【回转】按钮，对另一草图环路进行回转实体。 • 设置【轮廓】为其中一个草图环路。 • 设置【轴】为等腰梯形的侧边。 • 设置【结果运算】为合并	
25. 倒圆角	选择菜单栏中的【模型】→【圆角】命令，设置【方法】为固定圆角，对回转的实体进行倒圆角，半径为0.2mm，单击【√】按钮确认	
26. 查看最终效果	最终效果如右图所示	

三、创新设计说明（表 3-8）

表 3-8　吸尘器产品的创新设计说明

序号	说　　明	图　　示
1	本次电池盒的创新设计采用的是掀盖式的结构设计。电池盒位于产品的底部，不影响产品的整体美观效果，并且方便使用者快捷更换电池	
2	电池的总长度为 50.5mm，直径为 13.5 ~ 14.5mm，考虑到正极片、负极片在被压缩后会有高度差值，因此，在设计过程中电池盒的内长略大于 50.5mm，以确保设计结构的合理性	
3	内壁凹陷处方便使用者在更换电池时拆卸电池	
4	电池盒底部采取与电池 1∶1 的结构设计，使电池更加稳固，不影响产品的使用性能	

（续）

序号	说　明	图　示
5	掀盖式电池盒盖的 U 形扣位和定支点可以准确地嵌入电池盒主体凹槽中。U 形扣位的美工线设计结构，可以让产品在跌落的状态下，使电池盒盖依然保持完好，防止电池跌出盒外。同时，对电池盒盖适当添加了厚度，以增加强度，防止变形	

四、模型输出的注意事项

1）三维创新设计源文件和【.stp】格式文件的文件名为【sheji1】【sheji2】等，电动机舱壳体含电池盒盖装配图名称为【zhuangpei】。

2）创新设计说明提交 Word 电子文档，文件名为【chuangxin】。

单元五　吸尘器模型的 3D 打印

任务一　熟悉 3D 打印机操作界面

▶ 任务描述

本任务将引导大家快速熟悉、掌握 3D 打印机操作界面，了解 3D 打印机操作界面中各命令的调整方法。

▶ 任务目标

1. 熟悉并掌握 3D 打印机界面的操作方法。
2. 熟悉并掌握 3D 打印机界面中各命令参数的调整方法。

▶ 任务实施

1. 主界面（状态 1）（图 3-6）

上方 3 个是温度监测曲线图，实时地反映相应部件的温度，其中黄线为实时温度，红线为设定温度。

1）单击坐标轴左边的加减号，可对相应部件的温度进行直接更改（系统设定单击一次加号或者减号，温度升高或者降低 5℃）。

2）【打印进度】选项：显示 SD 卡脱机打印进度，联机打印时进度显示在计算机上。

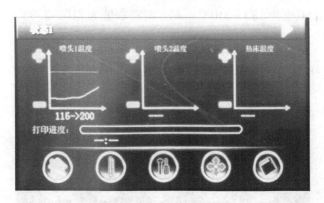

图 3-6　主界面（状态 1）

2. 主界面（状态 2）（图 3-7）

3 个有量程的表用于对【打印速度】【风扇转速】【材料流量】进行监测与控制，【打印速度】与【材料流量】是相对于模型在软件里做切片时设置的速度与流量的百分比。

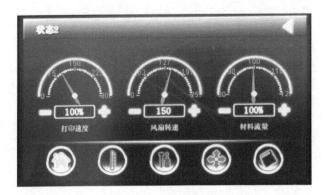

图3-7　主界面（状态2）

1）【温度设置】界面（图3-8）：界面左边为温度模式的选择，界面右边显示被选择模式的详细参数。

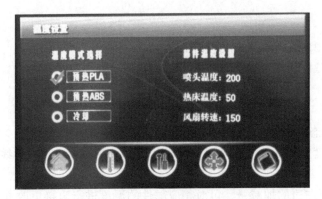

图3-8　【温度设置】界面

2）【温度模式预设】界面（图3-9）：【预热PLA模式】和【预热ABS模式】是依据打印材料命名的温度模式，因为喷头温度关系到材料的融化，所以温度的取值要在一定范围内，一般PLA材料的取值为180~210℃；ABS材料取值为210~230℃。

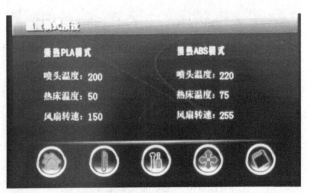

图3-9　【温度模式预设】界面

3.【移轴1】界面（图3-10）

该界面的功能为手动控制喷头和平台的位移以及材料的进退。

1）【电动机解锁】选项：选中该选项时，可以直接将喷头推到想要的位置；相反，不选中该选项时，默认锁定自由移动，这时只能通过屏幕的箭头移动喷头的位置。

2）【移动单位】选项区域：按一次右边箭头，相应部件在箭头对应坐标轴上移动的单位。

3）箭头：根据下方的标识，右边的箭头操控打印机不同的部件：X、Y轴控制喷头前后左、右移动，Z轴控制打印平台上下移动。

4）橙色图标：X、Y轴中心的橙色图标是X、Y两轴归零的按钮，Z轴中心的橙色图标是X、Y、Z三轴归零的按钮，就是【home】键，即按这个按钮，三轴都会归零，回到系统设置的坐标零点。

5）E轴：最右边的E轴箭头，用于控制喷头进料和退料。

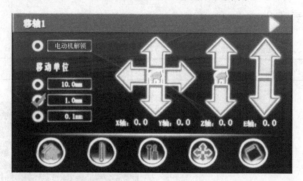

图 3-10　【移轴 1】界面

4. 【移轴 2】界面（图 3-11）

【PLA材料】和【ABS材料】选项区域用于一键进、退料，按【调平台】选项区域中的4个按钮，可将喷头快速移动到平台对应的校准点。

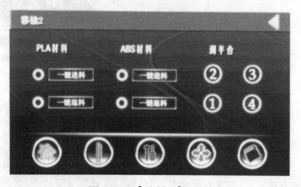

图 3-11　【移轴 2】界面

任务二　3D 打印机的硬件调试

> **任务描述**

本任务将指导大家快速熟悉，掌握3D打印机的调试步骤以及换料涂胶水操作，并完成打印机的硬件调试及使用。

> **任务目标**

1. 熟悉并掌握3D打印机硬件的调试步骤。
2. 熟悉并掌握3D打印机换料的操作方法。
3. 熟悉并掌握3D打印机涂胶水的操作方法。

> **任务实施**

一、调平台

调平台，步骤见表3-9。

表3-9　调平台的步骤

步骤	内　容	图　示
1	在平台上放置一张 A4 纸，单击【换料】按钮。单击【①】按钮，喷头自动移到对应位置	
2	平行拖拽纸张。如果纸张很容易抽出，说明平台与喷头间距离太大，应从右往左拧动旋钮，释放弹簧，减小平台与喷头间的距离，反复测试，直到距离合适；相反，如果纸张很难拖动，说明平台与喷头间距离太小，应从左往右拧动旋钮，拉大喷头与平台间的距离，反复测试到合适为止	

表3-9中只是一个点的操作示例，依次单击屏幕上其他3个数字按钮，重复进行调平台步骤1、2的操作，将各点分别校准。

需要强调的是，当调节其中一个点的时候，可能会对其他的点产生影响，所以建议4个点都调节一遍之后，单击【移轴】按钮，单击【home】按钮，将平台归零，再重复步骤1、2的操作，重新进行测试，保证距离的准确性。

4个点都调节完毕后，再次打印测试文件，单击【SD卡】按钮，单击【test1.gcode】文件，单击【开始打印】按钮，观察打印出来的3个圆是否为贴合牢固的、材料均匀的正圆。如果是则表示平台调节完毕，可以进行其他打印了；如果不是，返回步骤1，重新开始调平台操作。

二、涂胶水

涂胶水的步骤见表3-10。

表3-10 涂胶水的步骤

步骤	内 容	图 示
1	保证玻璃板干净、干燥，取出胶水瓶内侧的小盖子	
2	在平台中间滴少量胶水，均匀涂抹，使其覆盖整个平台	
3	用胶滚将胶水均匀涂在平台上，等待胶水晾干后便可使用打印机	

任务三　利用 Cura 软件对吸尘器模型进行数据切片

任务描述

本任务以吸尘器模型为例，讲解 Cura 软件的数据切片过程中各按钮的功能。

任务目标

1. 熟悉并掌握 3D 打印机对模型的切片步骤。
2. 熟悉并掌握 3D 打印机软件的操作方法。
3. 熟悉并掌握 3D 打印机软件中参数的调整方法。

任务实施

一、软件安装（表 3-11）

表 3-11　软件安装的步骤

步骤	内　　容	图　　示
1	双击软件安装图标进入安装界面	G Cura15.04.2
2	单击【下一步】按钮，选择合适的安装目录进行安装。也可选择默认路径，然后单击【下一步】按钮进行安装	
3	单击【安装】按钮，等待软件安装完成	

二、模型显示区中各按钮的功能

以吸尘器模型为例，说明模型显示区中各按钮的功能。

1）单击将模型 STL 文件拖入显示区或者用窗口左上方的【Load】按钮载入文件。在

【Load】按钮旁边可以看到一个进度条在前进。当进度条达到100%时，就会显示打印时间、所用打印材料的长度和质量。

2）在3D观察界面上，单击鼠标右键并拖动，可以实现观察视点的旋转；使用鼠标滚轮，可以实现观察视点的缩放。这些动作都不改变模型本身，只是变化观察角度。

3）调节摆放位置：单击模型，再单击图3-12左下角的【旋转】按钮，可以看到吸尘器模型周围出现红、黄、绿3个圈，分别拖动3个圈可以沿X轴、Y轴、Z轴3个不同方向来旋转摆放模型。如图3-12所示，【旋转】按钮上面的是【复位】按钮，操作者可以重新调整模型摆放的位置。最上面的【放平打印模型】按钮，可以计算出最适合打印的角度。

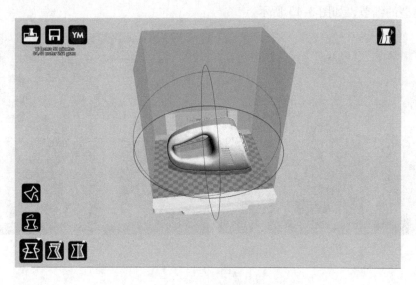

图3-12 模型显示区

完成以上设定后，Cura软件会自动完成切片，生成Gcode文件。单击【保存】按钮，将Gcode保存。尽量不要直接连接计算机打印，最方便的方式是将Gcode文件存放到SD卡中，将SD卡插入3D打印机的SD卡槽进行脱机打印。将SD卡插入打印机后，单击【SD卡】按钮，选择吸尘器模型，单击【开始打印】按钮，机器会自行打印。

任务四 吸尘器3D模型的后处理

▶ 任务描述

本任务是对3D打印生成的吸尘器3D模型进行去除支撑、打磨的操作。

▶ 任务目标

1. 熟悉并掌握模型去除支撑的方法。
2. 熟悉并掌握模型打磨的步骤。

▶ 任务实施

1. 基面和支撑去除技巧

（1）去除基面和大面积支撑　基面是为了增加模型和打印平台的黏结效果而设定的，一般打印机的支撑采用虚点连接，和模型连接不是十分紧密，打印后可以手工去除，大面积的支撑可以用镊子甚至手动撕下。如果支撑部分和模型的连接过于紧密，可以用壁纸刀或者裁纸刀小心切开并撕下。

（2）去除细节部分的支撑　去除细节部分的支撑要十分小心，不可过于用力，可以用制作模型的剪钳一点点地去除。可将剪钳刃口比较平的一面贴近模型，仔细去除，防止一不小心剥离模型的细节，如图3-13所示。

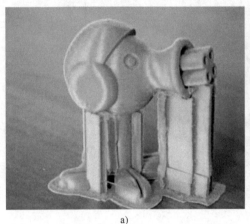
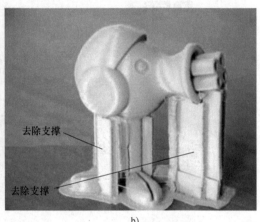

a)　　　　　　　　　　　　　　　　b)

图　3-13

2. 打磨

（1）粗打磨　开始可用普通的扁锉锉掉较大的落差，锉削一会儿后，锉刀表面会卡住一些塑胶，可用牙刷或者细的铜丝刷将这些塑胶刷掉，保持锉刀的磨锉力。锉刀的大小有许多种尺寸（图3-14），应视工作区域的不同来选择不同的形状。

（2）精细打磨　使用锉刀锉削至差不多时，换用砂纸继续打磨，如图3-15所示。

图　3-14　　　　　　　　　　　　　　图　3-15

任务五 3D打印机的故障排除

> **任务描述**

本任务将指导大家快速熟悉、掌握 3D 打印机的常见故障，并排除 3D 打印机的故障。

> **任务目标**

1. 熟悉并掌握处理打印机故障的过程。
2. 熟悉并掌握排除 3D 打印机故障的方法。

> **任务实施**

3D 打印机常见的故障及其处理方法如下：

1. 残料堵塞故障处理（表 3-12）

表 3-12　残料堵塞故障的处理方法

步骤	内　容	图　示
1	用 3mm 的内六角扳手将前风扇盖板上的内六角螺钉拧下，需要注意的是，只需将前风扇和盖板一同拆下，无须单独拆除风扇	
2	在屏幕上双击喷头 1：温度坐标的【+】按钮，使喷头温度目标值上升到 200℃	

（续）

步骤	内　容	图　示
3	待温度稳定后，单击控制面板【移轴】选项区域中的【解锁】按钮	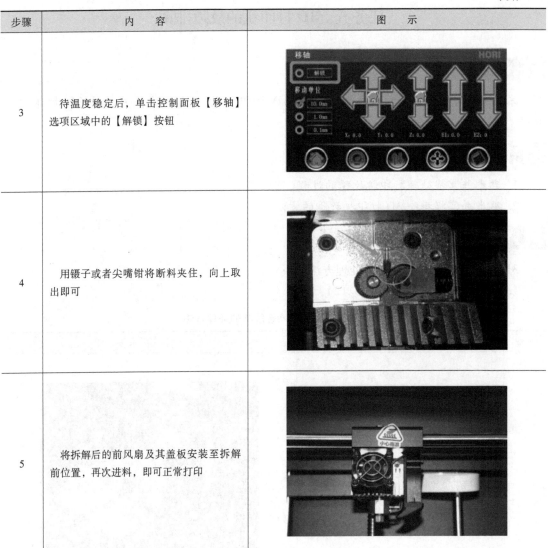
4	用镊子或者尖嘴钳将断料夹住，向上取出即可	
5	将拆解后的前风扇及其盖板安装至拆解前位置，再次进料，即可正常打印	

2. 打印机平台无法校准故障处理（表3-13）

表3-13　打印机平台无法校准故障的处理方法

步骤	内　容	图　示
1	在【换料】界面上单击【调平台】选项区域中的各按钮，依次调整平台与喷头的距离	

（续）

步骤	内　　容	图　　示
2	平台与喷头的最佳距离为一张 A4 纸的厚度，通过转动调平旋钮来调整二者之间的距离，以拉动纸张的松紧度来确定距离是否合适	
3	如果完成调平台操作后，平台与喷头之间的距离还是有偏差，并且平台下方的调平旋钮已处于最松或者最紧状态，则需调整平台右后方的限位螺钉，调整限位螺钉后，需再次进行调平台操作，使平台与喷头达到最佳距离后即可正常打印。（调节限位螺钉时应注意，螺钉越往上拧，平台与喷头的距离越远）	

3. 测温异常故障处理（表 3-14）

表 3-14　测温异常故障的处理方法

步骤	内　　容	图　　示
1	若屏幕上显示右图界面，表示设备处于报警状态，提示环境温度过低	

（续）

步骤	内　容	图　示
2	检查设备热敏电阻是否损坏，如果损坏，则更换新的热敏电阻	
3	检查设备热敏电阻与转接板插头处是否有松动，如果松动，则需要重新插好热敏电阻插头，并观察屏幕是否提示可正常操作	

4. 开机后设备升温异常故障处理（表3-15）

表3-15　开机后设备升温异常故障的处理方法

步骤	内　容	图　示
1	设备开机后目标温度上升，但操作屏所显示的温度并无变化	

（续）

步骤	内　容	图　示
2	检查设备加热棒是否损坏，如果损坏，则需要更换加热棒	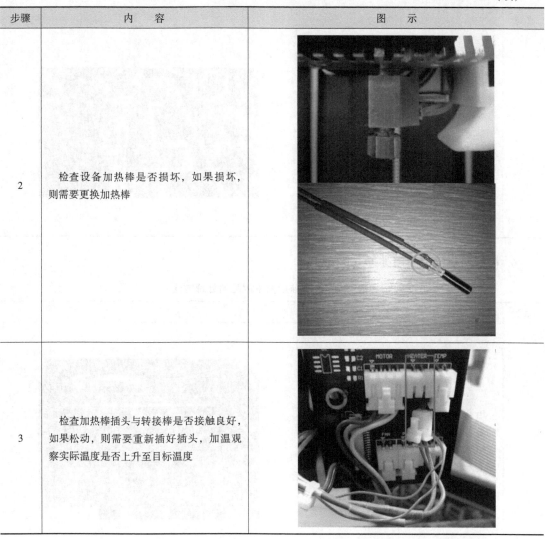
3	检查加热棒插头与转接棒是否接触良好，如果松动，则需要重新插好插头，加温观察实际温度是否上升至目标温度	

5. 模型左右错位故障处理（表3-16）

表3-16　模型左右错位故障的处理方法

步骤	内　容	图　示
1	用手左右移动喷头，查看是否有阻力，如果阻力很大，说明该方向的光杆太脏了，需要使用酒精清洗光杆，直至喷头可以在光杆上无阻力地运动	

（续）

步骤	内　容	图　示
2	从侧面可以看清顶丝在带轮内的状态。当顶丝松动时，电动机轴虽然转动，但不能带动带轮，从而导致打印模型呈现错位状态，这个错位使左右都会有错层。此时需要拧紧顶丝	

6. 模型前后错位故障处理（表3-17）

表3-17　模型前后错位故障的处理方法

步骤	内　容	图　示
1	用手前后移动喷头，查看是否有阻力，如果阻力很大，说明该方向的光杆太脏了，应使用酒精清洗光杆，直至喷头可以在光杆上无阻力地运动	
2	从上面可以看清 Y 轴顶丝在带轮内的状态。当顶丝松动时，电动机轴虽然转动，但不能带动带轮，从而导致打印模型呈现错位状态。此时需要拧紧顶丝	

7. 设备风扇异常故障处理（表3-18）

表3-18 设备风扇异常故障的处理方法

步骤	内　容	图　示
1	检查喷头散热风扇的4颗螺钉的位置，是否阻碍风扇扇叶旋转，如果有，可以把刮到扇叶的螺钉的位置进行微调，下次再安装风扇时不要拧太紧。如果开机时模型冷却风扇正常转动，喷头散热风扇却在模型打印时才转动，则为喷头散热风扇线与模型冷却风扇线装反，需要打开背板盖板，将二者位置互换	
2	使风扇加速转动，检查侧风扇是否转动，如果侧风扇转动，则说明侧风扇是完好的；如果侧风扇不转，则需要检查线路或者更换侧风扇	

▶ 内容总结

　　本篇主要以2018年的全国职业技能大赛赛题为案例，通过数据采集过程、逆向建模过程、三维数字化检测过程、创新设计过程和3D打印制造过程5部分内容对该案例进行了详细的讲解。在讲解过程中让学生按照整套流程的5部分内容去学习和掌握。同时可针对操作难点和复杂步骤进行分层次解析并加大练习力度，从而熟练掌握整体流程。

▶ 思考题

　　1. 在进行面片拟合时，如何调整曲面扭曲？

　　2. 创建吸尘器前面特征部分时用到曲面放样，如何操作可以使放样更加光顺？

　　3. 在进行倒圆角时，有些部位特征比较扭曲，无法进行倒圆角，应该如何处理？

　　4. 镜像对称模型时会发现对称的另一半精度很差，应如何调整？

第四篇

逆向建模拓展项目案例（猫眼件模型）

任务一 重构猫眼件模型特征曲面

> **任务描述**

本任务主要了解猫眼件模型（图4-1）特征曲面的重构过程。

原始点云(.asc)　　　面片数据(.stl)　　　实体数据(.stp)

图4-1　猫眼件模型

> **任务目标**

1. 熟悉并掌握猫眼件模型逆向建模过程及特征曲面重构的思路。
2. 熟悉并掌握 Geomagic Design X 软件根据领域组创建自由曲面的原理。
3. 熟悉并掌握 Geomagic Design X 软件基于草图、面片草图进行体拉伸的原理。
4. 熟悉并掌握 Geomagic Design X 软件面片、曲面、实体之间剪切/切割的原理。
5. 熟悉并掌握 Geomagic Design X 软件倒圆角的原理。

> **任务实施**

重构猫眼件模型特征曲面的过程见表4-1。

表4-1　重构猫眼件模型特征曲面的过程

步骤	内　容	图　示
1. 绘制领域组	【画笔选择模式】命令：可以通过画笔选择模式将没有划分规范的领域组重新划分。使用组合快捷键【Alt + 鼠标左键】可以调整画笔的大小	

（续）

步骤	内　容	图　示
2. 绘制面片草图	• 【面片草图】命令：选择某一参照平面为基准平面，进入绘制面片草图命令。 • 【3 点圆弧】【直线】命令：通过面片草图内的 3 点圆弧及直线命令，绘制出需要的模型轮廓	 创建猫眼件 模型主体
3. 实体拉伸	【实体拉伸】命令：根据草图创建出新实体，对新实体进行双向拉伸，且可以通过输入值或者【高达】条件定义拉伸尺寸	
4. 倒圆角	【圆角】命令：在圆角命令内，选中【全部面圆角】单选按钮，要素可以选择 3 个面，完成圆角的创建	
5. 面片拟合	【面片拟合】命令：将曲面体拟合至所选单元面或者领域上，根据绘制的领域组将底部、顶部和侧面所需的面片拟合出来	

（续）

步骤	内　容	图　示
6. 切割	【切割】命令：移除带有曲面或者平面的材质，用以切割实体，可手动选择剩余材料	
7. 绘制面片草图		
8. 实体拉伸	●【实体拉伸】命令：通过面片草图命令绘制底部轮廓，再进行实体的拉伸。 　●【倒圆角】命令：将拉伸出来的实体通过选中【全部面圆角】单选按钮进行倒角。 　●【切割】命令：运用布尔运算命令，对创建部分与主体部分进行切割	
9. 布尔运算		

（续）

步骤	内　　容	图　　示
10. 倒圆角	【圆角】命令：在实体或者曲面体的边线上创建圆角特征	
11. 误差分析	【体偏差】命令：将实体或者曲面模型与其原始扫描数据进行比较，在建模命令或者基准模式中将其激活。使用此命令进行建模决策，可以获得最精确的结果	
12. 文件输出	【文件输出】命令：将建模完成的实体以.stp格式输出即可，或者选择客户所需的格式输出	

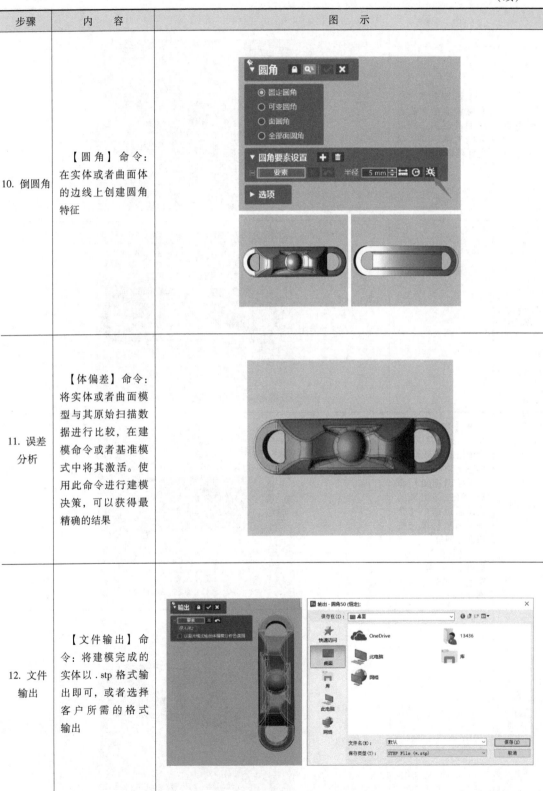

（续）

步骤	内　容	图　　示
13. 最终效果	最终效果如右图所示	

任务二　猫眼件模型逆向建模步骤

▶ 任务描述

　　本任务采用 Geomagic Design X 软件建模模块及命令，通过自由曲面设计及几何特征的创建，了解猫眼件从面片创建为实体的过程，完成猫眼件的逆向建模设计过程。

▶ 任务目标

　　1. 熟悉并掌握 Geomagic Design X 软件中手动划分领域的技巧。
　　2. 熟悉并掌握 Geomagic Design X 软件中建立对齐坐标系的操作步骤。
　　3. 熟悉并掌握 Geomagic Design X 软件中裁剪实体和曲面的操作步骤。
　　4. 熟悉并掌握 Geomagic Design X 中数据的输出及导入方法。

▶ 任务实施

　　猫眼件模型逆向建模步骤见表4-2。

表 4-2　猫眼件模型逆向建模步骤

步骤	内　容	图　　示	操作说明
1. 导入数据	选择菜单栏中的【初始】→【打开】→【导入】命令，导入maoyanjian. stl 文件		猫眼件模型逆向建模

（续）

步骤	内 容	图 示	操作说明
2. 手动划分领域组	单击菜单栏中的【领域】按钮，进入领域组模式。 • 选择【画笔选择模式】命令，手动绘制领域。 • 单击【插入】按钮，插入新领域		为了后续操作方便，对模型进行手动划分领域组，手动划分可以自主选择需要选择的位置进行特征创建
3. 绘制草图 I	选择菜单栏中的【草图】→【面片草图】命令。 • 设置【基准平面】为上平面，绘制零件主体轮廓，创建草图 I。 • 单击【√】按钮确认		该模型是一个比较规则的标准件，并且模型的特征结构简单，可先创建主体部分，再创建局部特征结构
4. 实体拉伸 I	选择菜单栏中的【模型】→【实体拉伸】命令。 • 设置【方法】为到领域，选择两侧手绘的领域组。 • 单击【√】按钮确认		

（续）

步骤	内　容	图　示	操作说明
5. 倒圆角Ⅰ	选择菜单栏中的【模型】→【圆角】命令。 • 选中【全部面圆角】单选按钮，要素3个面分别选择如图所示的3个面。 • 单击【√】按钮确认		
6. 倒圆角Ⅱ	选择菜单栏中的【模型】→【圆角】命令。 • 选中【全部面圆角】单选按钮，要素3个面分别选择如图所示的3个面。 • 单击【√】按钮确认		
7. 面片拟合	选择菜单栏中的【模型】→【面片拟合】命令。 • 设置【领域】为如图所示的领域组，分别对两个领域创建拟合曲面。 • 单击【√】按钮确认		利用手动绘制的领域组创建曲面，并对创建的实体进行切割

（续）

步骤	内　容	图　　示	操作说明
8. 切割实体 I	选择菜单栏中的【模型】→【切割】命令。 • 设置【工具要素】为步骤7创建的两个拟合曲面。 • 设置【对象】为主体部分。 • 设置【残留体】如图所示。 • 单击【√】按钮确认		利用手动绘制的领域组创建曲面，并对创建的实体进行切割
9. 创建基准平面 I	选择菜单栏中的【模型】→【平面】命令。 • 设置【要素】为上平面。 • 设置【方法】为偏移。 • 设置【距离】为14.65mm，创建基准平面I。 • 单击【√】按钮确认		创建模型的中间部位特征时可以观察出，两侧凹陷处的底面应该是同一曲面所创建，所以可通过草图、拉伸曲面的方式创建特征的底面
10. 绘制草图 II	选择菜单栏中的【草图】→【面片草图】命令。 • 设置【基准平面】为基准平面 I。 • 利用【3点圆弧】命令，绘制一条曲线，创建草图 II。 • 单击【√】按钮确认		

（续）

步骤	内　容	图　　示	操作说明
11. 曲面拉伸Ⅰ	选择菜单栏中的【模型】→【拉伸曲面】命令。 ● 设置【轮廓】为草图Ⅱ。 ● 设置【距离】为10mm。 ● 设置【反方向】为40mm。 ● 单击【√】按钮确认		创建模型的中间部位特征时可以观察出，两侧凹陷处的底面应该是同一曲面所创建，所以可通过草图、拉伸曲面的方式创建特征的底面
12. 创建基准平面Ⅱ	选择菜单栏中的【模型】→【平面】命令。 ● 设置【要素】为前平面。 ● 设置【方法】为偏移。 ● 设置【距离】为 5mm，创建基准平面Ⅱ。 ● 单击【√】按钮确认		中间部位特征的两侧凹陷处特征，可单独创建凹陷曲面特征，作为工具要素切割实体
13. 绘制草图Ⅲ	选择菜单栏中的【草图】→【面片草图】命令。 ● 设置【基准平面】为基准平面Ⅱ。 ● 利用【3点圆弧】命令创建草图Ⅲ。 ● 单击【√】按钮确认		

（续）

步骤	内　容	图　示	操作说明
14. 曲面拉伸Ⅱ	选择菜单栏中的【模型】→【拉伸曲面】命令。 　●设置【轮廓】为草图Ⅲ中的一条草图链。 　●设置【距离】【拔模角度】为 10mm、20°。 　●设置【反方向的】【距离】【拔模角度】为 8mm、20°。 　●单击【√】按钮确认		
15. 曲面拉伸Ⅲ	选择菜单栏中的【模型】→【拉伸曲面】命令。 　●设置【轮廓】为草图Ⅲ中的另一条草图链。 　●设置【距离】【拔模角度】为 10mm、25°。 　●设置【反方向的】【距离】【拔模角度】为 8mm、25°。 　●单击【√】按钮确认		中间部位特征的两侧凹陷处特征，可单独创建凹陷曲面特征，作为工具要素切割实体
16. 剪切曲面Ⅰ、Ⅱ	选择菜单栏中的【模型】→【剪切曲面】命令。 　●设置【工具要素】为曲面拉伸Ⅰ、Ⅱ、Ⅲ。 　●设置【对象】为曲面拉伸Ⅰ、Ⅱ、Ⅲ，即曲面之间互相修剪。 　●设置【残留体】为保留两侧曲面。 　●单击【√】按钮确认		

（续）

步骤	内　容	图　示	操作说明
17. 实体切割Ⅱ	选择菜单栏中的【模型】→【切割】命令。 • 设置【工具要素】为步骤16创建的剪切曲面Ⅰ、Ⅱ。 • 设置【对象】为主体部分。 • 设置【残留体】如图所示。 • 单击【√】按钮确认		中间部位特征的两侧凹陷处特征，可单独创建凹陷曲面特征，作为工具要素切割实体
18. 追加参照线Ⅰ	选择菜单栏中的【模型】→【线】命令。 • 设置【要素】为右平面、上平面。 • 追加模型中心【球】部位的中心参照线Ⅰ。 • 单击【√】按钮确认		创建中间部位的【球】特征，通过追加中轴线，创建封闭的草图轮廓，进行回转实体
19. 绘制草图Ⅳ	选择菜单栏中的【草图】→【面片草图】命令。 • 设置【基准平面】为上平面。 • 以坐标的V轴作为参考，利用【参照线】命令，绘制参照线。 • 利用【3点圆弧】【直线】命令创建草图Ⅳ。 • 单击【√】按钮确认		

（续）

步骤	内　容	图　　示	操作说明
20. 回转实体	选择菜单栏中的【模型】→【回转实体】命令。 • 设置【轮廓】为草图Ⅳ。 • 设置【轴】为线Ⅰ。 • 单击【√】按钮确认		创建中间部位的【球】特征，通过追加中轴线，创建封闭的草图轮廓，进行回转实体
21. 绘制草图Ⅴ	选择菜单栏中的【草图】→【面片草图】命令。 • 设置【基准平面】为上平面。 • 利用【3点圆弧】【直线】命令创建草图Ⅴ。 • 单击【√】按钮确认		
22. 实体拉伸Ⅱ	选择菜单栏中的【模型】→【实体拉伸】命令。 • 设置【方法】为到领域，选择两侧手绘的领域组。 • 单击【√】按钮确认		创建模型底部的凹槽和两侧的贯通孔特征。通过创建凹槽部位的实体特征、两侧的贯通孔特征，进行实体之间的布尔运算操作
23. 倒圆角Ⅲ	选择菜单栏中的【模型】→【圆角】命令。 • 选中【全部面圆角】单选按钮，分别对两侧进行倒角。 • 单击【√】按钮确认		

（续）

步骤	内　容	图　　示	操作说明
24. 布尔运算Ⅰ	选择菜单栏中的【模型】→【布尔运算】命令。 ● 设置【操作方法】为合并。 ● 设置【工具要素】为回转体-球和主体部分。 ● 单击【√】按钮确认		创建模型底部的凹槽和两侧的贯通孔特征。通过创建凹槽部位的实体特征、两侧的贯通孔特征，进行实体之间的布尔运算操作
25. 布尔运算Ⅱ	选择菜单栏中的【模型】→【布尔运算】命令。 ● 设置【操作方法】为切割。 ● 设置【工具要素】为实体-倒圆角Ⅲ。 ● 设置【对象体】为实体-布尔运算Ⅰ。 ● 单击【√】按钮确认		
26. 绘制草图Ⅵ	选择菜单栏中的【草图】→【面片草图】命令。 ● 设置【基准平面】为基准平面Ⅱ。 ● 利用【3点圆弧】【直线】命令创建草图Ⅵ。 ● 单击【√】按钮确认		通过观察发现，贯通孔的一端有直面特征结构，需要单独创建，再进行布尔运算操作

（续）

步骤	内　容	图　　示	操作说明
27. 实体拉伸Ⅲ	选择菜单栏中的【模型】→【实体拉伸】命令。 ● 设置【方法】为距离。 ● 设置【长度】为61.5mm。 ● 设置【结果运算】为无。 ● 单击【√】按钮确认		
28. 绘制草图Ⅶ	选择菜单栏中的【草图】→【面片草图】命令。 ● 设置【基准平面】为上平面。 ● 利用【3点圆弧】命令创建草图Ⅶ。 ● 单击【√】按钮确认		
29. 曲面拉伸Ⅳ	选择菜单栏中的【模型】→【拉伸曲面】命令。 ● 设置【轮廓】为草图Ⅶ。 ● 设置【方法】为距离。 ● 设置【长度】为40mm。 ● 设置反方向距离长度为30mm。 ● 单击【√】按钮确认		通过观察发现，贯通孔的一端有直面特征结构，需要单独创建，再进行布尔运算操作
30. 实体切割Ⅲ	选择菜单栏中的【模型】→【切割】命令。 ● 设置【工具要素】为曲面拉伸Ⅳ。 ● 设置【对象体】为步骤27创建的实体拉伸Ⅲ。 ● 设置【残留体】为如图所示区域。 ● 单击【√】按钮确认		

（续）

步骤	内　容	图　示	操作说明
31. 布尔运算Ⅲ	选择菜单栏中的【模型】→【布尔运算】命令。 • 设置【操作方法】为切割。 • 设置【工具要素】为实体切割Ⅲ。 • 设置【对象体】为实体-布尔运算Ⅱ。 • 设置【残留体】如图所示。 • 单击【∨】按钮确认	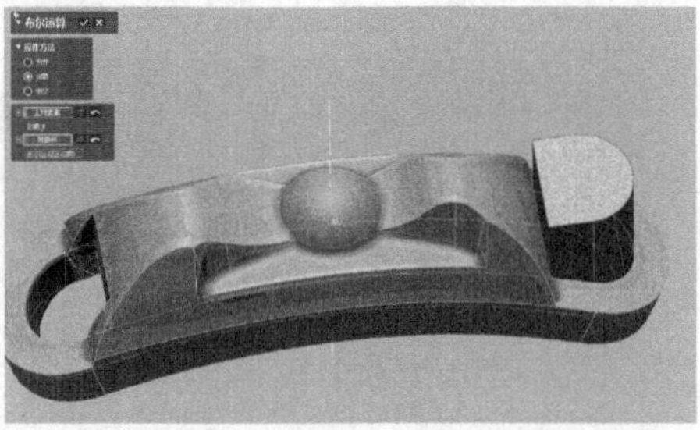	通过观察发现，贯通孔的一端有直面特征结构，需要单独创建，再进行布尔运算操作
32. 倒圆角Ⅳ	选择菜单栏中的【模型】→【圆角】命令。 • 设置【固定圆角】单选按钮，对模型进行倒圆角，过程中可使用魔法棒功能自动探索半径值大小。 （注：自动探索的半径值需要手动调整为整数值，同时需要注意倒角顺序。倒角顺序不同，倒出来的效果不同。请根据实物特征决定倒角顺序。）	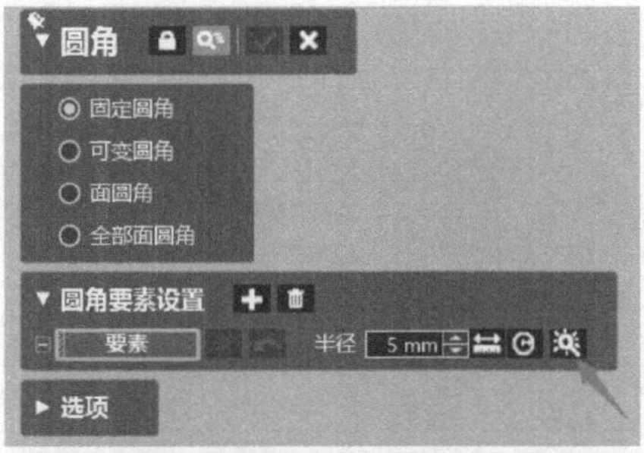 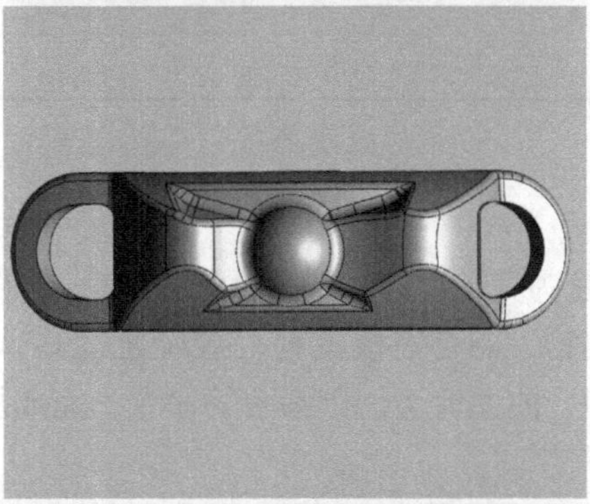 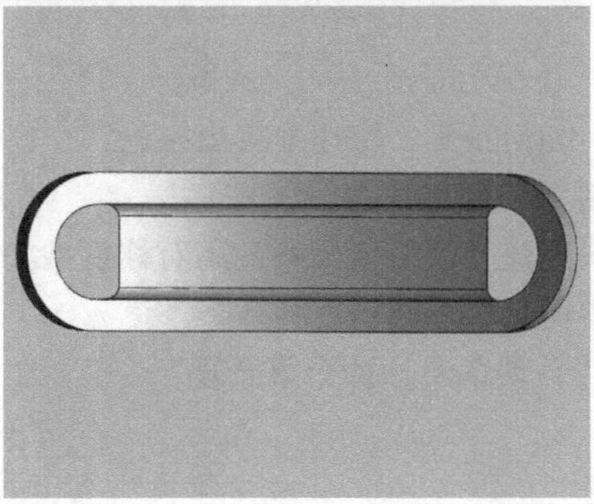	

（续）

步骤	内　容	图　示	操作说明
33. 误差分析	建模完成后，单击右侧的【体偏差】按钮，即可查看色彩偏差图，将指针放在工件上即可查看到偏差数值		
34. 数据输出	选择菜单栏中的【文件】→【输出】命令，点选模型数据，格式为【.stp】。　单击【√】按钮确定，指定保存路径后即可输出数据		

内容总结

本篇以2017年国赛赛题为案例，通过获取的格式为.stl的猫眼件模型数据，结合实物进行逆向建模。首先观察实物，制订建模流程，接着通过 Geomagic Design X 软件中的绘制领域、面片拟合、曲面拉伸、曲面剪切、倒圆角等命令，完成从面片体到实体的整个逆向建模过程。

思考题

1. 在制订建模流程时，如何正确、快速地得出结论？
2. 如何正确并合理绘制领域组？
3. 如何利用对称数据快速建立模型坐标系？不对称模型又该如何？
4. 倒圆角的流程应该遵循什么原则？
5. 在什么情况下应用【自动草图】命令最合理？

第五篇

逆向建模拓展项目案例（车门把手模型）

任务一 重构车门把手模型特征曲面

任务描述

本任务是了解车门把手模型（图5-1）特征曲面的重构过程。

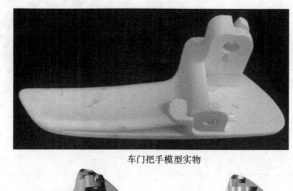

车门把手模型实物

三角面片

CAD实体模型

图 5-1　车门把手模型

任务目标

1. 熟悉并掌握车门把手模型逆向建模过程及特征曲面重构的思路。
2. 熟悉并掌握 Geomagic Design X 中建立模型坐标系的原理。
3. 熟悉并掌握 Geomagic Design X 中根据领域组进行曲面拟合及曲面创建的原理。
4. 熟悉并掌握 Geomagic Design X 中面片、曲面、实体之间剪切/切割的原理。
5. 熟悉并掌握 Geomagic Design X 中倒圆角的原理。

任务实施

重构车门把手模型特征曲面的过程见表5-1。

表 5-1　重构车门把手模型特征曲面的过程

步骤	内　容	图　示
1. 绘制领域组	• 【自动分割】命令：通过模型的曲率自动绘制各个曲面的领域，可以通过敏感度值控制曲面的范围。 • 【画笔选择模式】命令：可以通过画笔选择模式将没有划分规范的领域组进行重新划分	

（续）

步骤	内　容	图　示
2. 对齐坐标系	●【平面】命令：构建新参照平面。此平面可用于创建面片草图、镜像特征并分割面片交集中的面片和轮廓。 ●【手动对齐】命令：可使用简单的【3-2-1】对齐方式进行特征的选取，并对齐坐标系	
3. 面片拟合	【面片拟合】命令：将曲面体拟合至所选单元面或者领域上，根据绘制的领域组将底部、顶部和侧面所需的面片拟合出来	
4. 曲面剪切	【剪切曲面】命令：运用剪切工具将曲面体剪切成片，剪切工具可以是曲面、实体或者曲线，可手动选择需要剩余的材质。将底部、顶部和侧面拟合出来的进行相互剪切，保留需要剩余的主体模型	

（续）

步骤	内　容	图　　示
5. 创建 特征 I		
6. 创建 特征 II		
7. 创建 特征 III		

（续）

步骤	内　容	图　示
8. 创建特征Ⅳ	【实体拉伸】命令：根据绘制的草图轮廓进行实体拉伸	
9. 倒圆角	【圆角】命令：在实体或者曲面体的边线上创建圆角特征	车门把手倒圆角
10. 误差分析	【体偏差】命令：在完成建模后，将实体或曲面模型与原始扫描数据进行比较，以检测模型的精度	

（续）

步骤	内　容	图　示
11. 数据输出	【数据输出】命令：将建模完成的实体以 .stp 格式输出，或者选择客户所需的格式输出	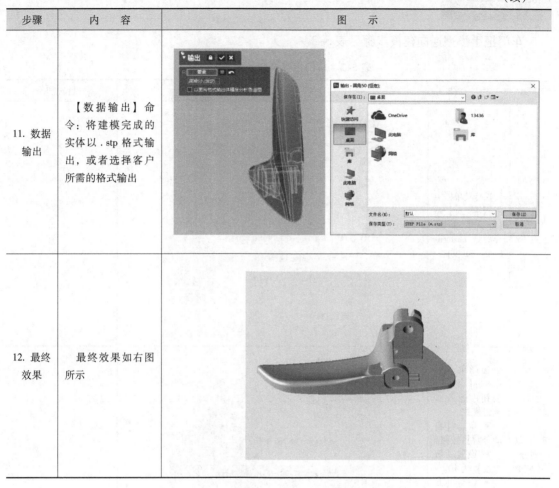
12. 最终效果	最终效果如右图所示	

任务二　车门把手模型逆向建模步骤

▶ 任务描述

本任务将指导大家快速熟悉、掌握 Geomagic Design X 软件建模模块及命令，完成车门把手模型的逆向建模过程。

▶ 任务目标

1. 熟悉并掌握 Geomagic Design X 软件中曲面拟合的控制方法。
2. 熟悉并掌握 Geomagic Design X 软件中草图绘制与面片拟合命令的应用方法。
3. 熟悉并掌握 Geomagic Design X 软件中切割、布尔运算、剪切曲面命令的应用方法。
4. 熟悉并掌握 Geomagic Design X 软件中倒圆角命令的应用方法。
5. 熟悉并掌握 Geomagic Design X 软件中特征尺寸的控制方法。

> **任务实施** ···

车门把手模型逆向建模步骤见表5-2。

表5-2 车门把手模型逆向建模步骤

步骤	内　容	图　示	操作说明
1. 导入数据	选择菜单栏中的【插入】→【导入】命令，导入 chemen-bashou.stl 文件	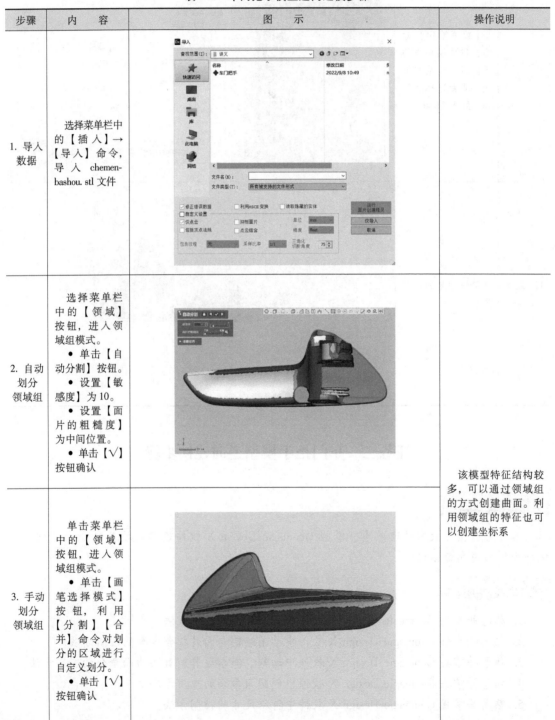	
2. 自动划分领域组	选择菜单栏中的【领域】按钮，进入领域组模式。 ● 单击【自动分割】按钮。 ● 设置【敏感度】为10。 ● 设置【面片的粗糙度】为中间位置。 ● 单击【√】按钮确认		该模型特征结构较多，可以通过领域组的方式创建曲面。利用领域组的特征也可以创建坐标系
3. 手动划分领域组	单击菜单栏中的【领域】按钮，进入领域组模式。 ● 单击【画笔选择模式】按钮，利用【分割】【合并】命令对划分的区域进行自定义划分。 ● 单击【√】按钮确认		

（续）

步骤	内　　容	图　　示	操作说明
4. 手动对齐	选择菜单栏中的【对齐】→【手动对齐】命令，单击【下一阶段】按钮。 • 选中【X-Y-Z】单选按钮。 • 设置【X轴】为孔的方向领域。 • 设置【Z轴】为平面领域。 • 单击【√】按钮确认，对齐坐标系		该模型特征结构较多，可以通过领域组的方式创建曲面。利用领域组的特征也可以创建坐标系
5. 拟合曲面 I	选择菜单栏中的【模型】→【面片拟合】命令。 • 设置【领域】为其中的某一个领域。 • 单击【√】按钮确认，完成曲面的创建，其他领域的选择依照同样方法进行，依次完成曲面的创建		对模型的外轮廓进行曲面创建。创建模型的上表面轮廓曲面，针对领域组进行拟合曲面操作，并对其进行修剪

（续）

步骤	内　容	图　　示	操作说明
6. 剪切曲面 I	选择菜单栏中的【模型】→【剪切曲面】命令，分别对5个面片进行剪切。 　选择菜单栏中的【模型】→【缝合】命令，将剪切后的5个曲面缝合成一个曲面	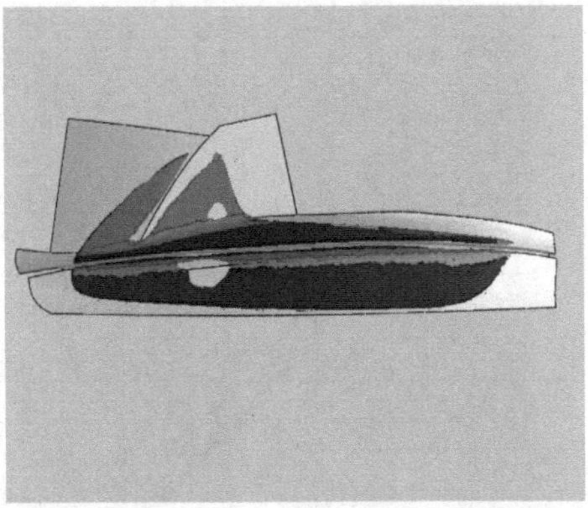	对模型的外轮廓进行曲面创建。创建模型的上表面轮廓曲面，针对领域组进行拟合曲面操作，并对其进行修剪
7. 拟合曲面 II	选择菜单栏中的【模型】→【面片拟合】命令，再单击所需的领域组，单击【√】按钮确认，完成车门把手上部两个曲面的创建	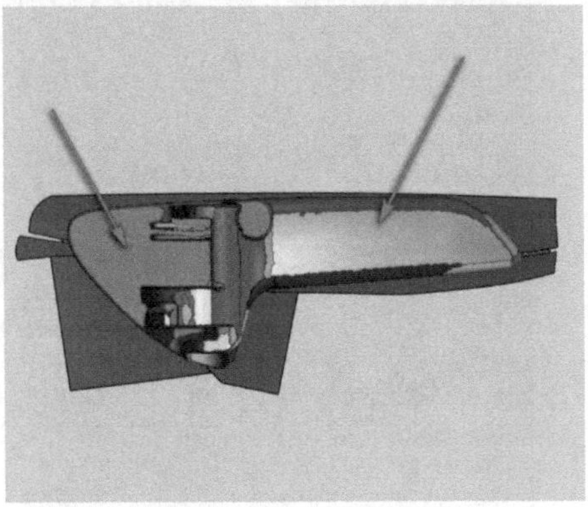	
8. 绘制草图 I	由于两个曲面没有相交，为了使上部曲面封闭，在两曲面相交区域的中间做一个曲面，右图中的线条即为曲面的位置	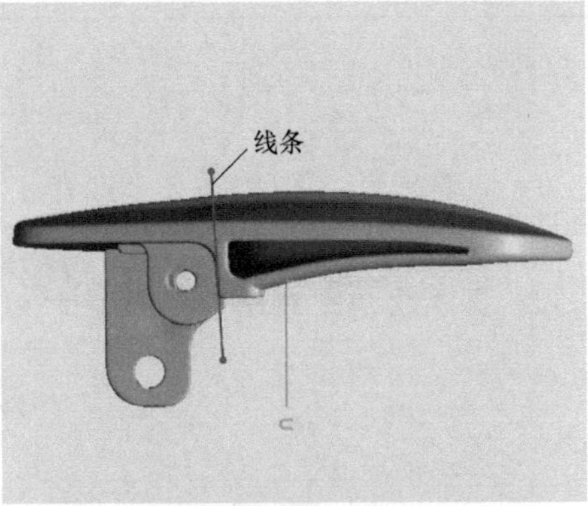 线条	对模型的下表面轮廓曲面进行创建
9. 创建曲面	分别切割两个曲面，做的平面的位置参照右图中的位置，最终使曲面两两剪切，得到一个上部的封闭曲面	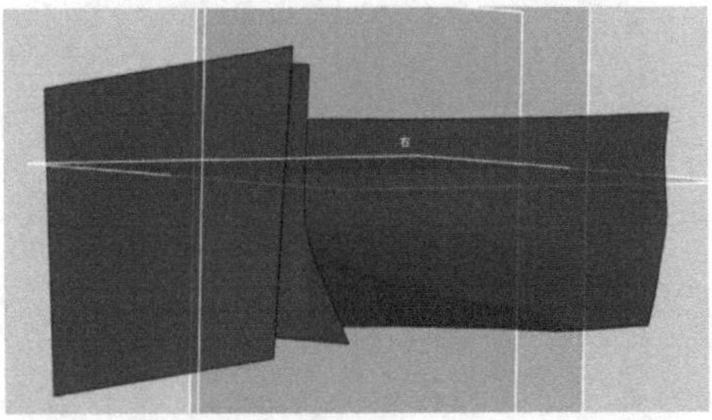	

（续）

步骤	内　容	图　示	操作说明
10. 绘制草图Ⅱ	选择菜单栏中的【草图】→【面片草图】命令。 • 设置【基准平面】为前平面。 • 利用【直线】命令绘制草图Ⅱ。 • 单击【√】按钮确认		创建模型的侧面轮廓
11. 曲面拉伸Ⅰ	选择菜单栏中的【模型】→【拉伸曲面】命令。 • 设置【轮廓】为草图Ⅱ。 • 设置【距离】为40.5mm。 • 设置【反方向距离长度】为30mm。 • 单击【√】按钮确认		
12. 剪切曲面构建主体	选择菜单栏中的【模型】→【剪切曲面】命令。 • 设置【工具要素】为上、下和四周轮廓的曲面。 • 单击【下一阶段】按钮。 • 设置【残留体】为选择要保留的曲面。 • 单击【√】按钮确认		创建模型的主体
	最终将主体曲面创建完成，封闭曲面自动生成为实体		

（续）

步骤	内 容	图 示	操作说明
13. 创建基准平面Ⅰ	选择菜单栏中的【模型】→【平面】命令。 • 选择右图中所示位置，创建基准平面Ⅰ。 • 单击【√】按钮确认		
14. 切割实体Ⅰ	选择菜单栏中的【模型】→【切割】命令。 • 设置【工具要素】为基准平面Ⅰ。 • 设置【对象体】为模型实体。 • 设置【残留体】如右图所示。 • 单击【√】按钮确认		创建模型的特征Ⅰ
15. 绘制草图Ⅲ	选择菜单栏中的【草图】→【面片草图】命令。 • 设置【基准平面】为基准平面Ⅱ。 • 利用【3点圆弧】【直线】命令绘制草图Ⅲ。 • 单击【√】按钮确认		

（续）

步骤	内　容	图　　示	操作说明
16. 实体拉伸Ⅰ	选择菜单栏中的【模型】→【拉伸实体】命令。 • 设置【轮廓】为草图Ⅲ。 • 设置【距离】为8mm。 • 设置【拔模角度】为6°。 • 单击【√】按钮确认		
17. 绘制草图Ⅳ	选择菜单栏中的【草图】→【面片草图】命令。 • 设置【基准平面】为右图中指出的领域。 • 利用【3点圆弧】【直线】命令绘制草图Ⅳ。 • 单击【√】按钮确认		创建模型的特征Ⅱ
18. 实体拉伸Ⅱ	选择菜单栏中的【模型】→【拉伸实体】命令。 • 设置【轮廓】为草图Ⅳ。 • 设置【距离】为43.5mm。 • 单击【√】按钮确认		

（续）

步骤	内　容	图　　示	操作说明
19. 曲面 拉伸Ⅱ	选择菜单栏中的【模型】→【拉伸曲面】命令。 ● 设置【轮廓】为草图Ⅱ。 ● 设置【距离】为40.5mm。 ● 设置【反方向】为30mm。 ● 单击【√】按钮确认，将修剪实体使用的曲面建立起来		
20. 切割 实体Ⅱ	选择菜单栏中的【模型】→【切割】命令。 ● 设置【工具要素】为上述拉伸曲面Ⅲ。 ● 设置【对象体】为拉伸实体Ⅰ与拉伸实体Ⅱ两个局部特征。 ● 设置【残留体】为轮廓内的部分。 ● 单击【√】按钮确认		
21. 绘制 草图Ⅴ	选择菜单栏中的【草图】→【面片草图】命令。 ● 设置【基准平面】为右图中指出的领域。 ● 利用【3点圆弧】【直线】命令绘制草图Ⅴ。 ● 单击【√】按钮确认		

（续）

步骤	内　容	图　　示	操作说明
22. 实体拉伸Ⅲ	选择菜单栏中的【模型】→【拉伸实体】命令。 • 设置【轮廓】为草图 V。 • 设置【长度】为31mm。 • 单击【√】按钮确认		
23. 布尔运算Ⅰ	选择菜单栏中的【模型】→【布尔运算】命令。 • 设置【操作方法】为切割。 • 设置【工具要素】为拉伸实体Ⅱ。 • 设置【对象体】为圆柱体。 • 单击【√】按钮确认		
24. 布尔运算Ⅱ	选择菜单栏中的【模型】→【布尔运算】命令。 • 设置【操作方法】为合并。 • 设置【工具要素】为圆柱体和主体。 • 单击【√】按钮确认		

（续）

步骤	内　容	图　　示	操作说明
25. 倒圆角Ⅰ	选择菜单栏中的【模型】→【圆角】命令。 • 选中【固定圆角】单选按钮，并单击位置 1 和位置 2。 • 设置【半径】为 10mm。 • 单击【√】确认		
26. 创建特征	采用前面讲到的曲面剪切实体的方法将右图中所示的区域剪切出来		
27. 曲面修剪实体	利用面片草图和曲面拉伸命令把要用的修剪曲面建立起来		
28. 创建曲面	按照上面的步骤，继续绘制另一个曲面		

（续）

步骤	内　容	图　　示	操作说明
29. 切割实体Ⅲ	选择菜单栏中的【模型】→【切割】命令。用【曲面剪切】实体功能，使用上述修剪曲面修剪主体		
30. 倒圆角Ⅱ	选择菜单栏中的【模型】→【圆角】命令。 • 选中【固定圆角】单选按钮，单击右图中所示位置。 • 设置【半径】为5mm。 • 单击【√】按钮确认		
31. 绘制草图Ⅵ	选择菜单栏中的【草图】→【面片草图】命令。 • 设置【基准平面】为右图中指出的领域。 • 利用【3点圆弧】【直线】命令绘制草图Ⅵ。 • 单击【√】按钮确认		创建模型的特征Ⅲ

（续）

步骤	内　容	图　　示	操作说明
32. 实体拉伸Ⅳ	选择菜单栏中的【模型】→【拉伸实体】命令。 • 设置【轮廓】为草图Ⅵ。 • 设置【方法】为到领域。 • 单击【√】按钮确认		
33. 倒圆角Ⅲ	选择菜单栏中的【模型】→【圆角】命令。 • 选中【固定圆角】单选按钮，单击右图中所示位置。 • 设置【半径】为5mm。 • 单击【√】按钮确认		
34. 绘制草图Ⅶ	选择菜单栏中的【草图】→【面片草图】命令。 • 设置【基准平面】为右图中指出的领域。 • 利用【直线】命令绘制草图Ⅶ。 • 单击【√】按钮确认		

（续）

步骤	内　容	图　示	操作说明
35. 实体拉伸Ⅴ	选择菜单栏中的【模型】→【拉伸实体】命令。 • 设置【轮廓】为草图Ⅶ。 • 设置【距离】为5mm。 • 设置【结果运算】为切割。 • 单击【√】按钮确认	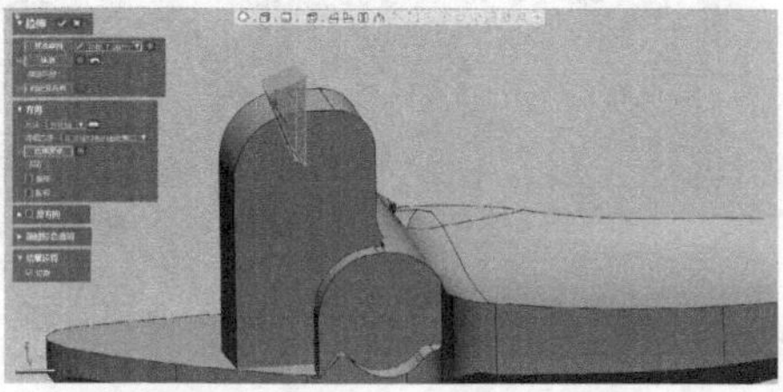	
36. 修剪拉伸实体	使用同样的方法完成剪切特征Ⅰ、剪切特征Ⅱ与剪切特征Ⅲ	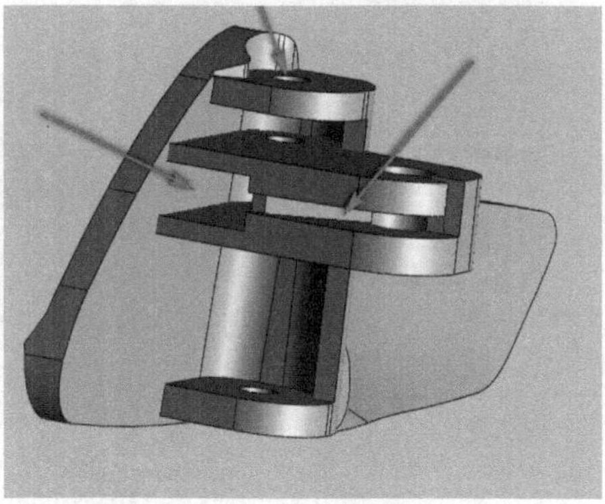	
37. 绘制草图Ⅷ	选择菜单栏中的【草图】→【面片草图】命令。 • 设置【基准平面】为右图中指出的领域。 • 利用【3点圆弧】【直线】命令绘制草图Ⅷ。 • 单击【√】按钮确认	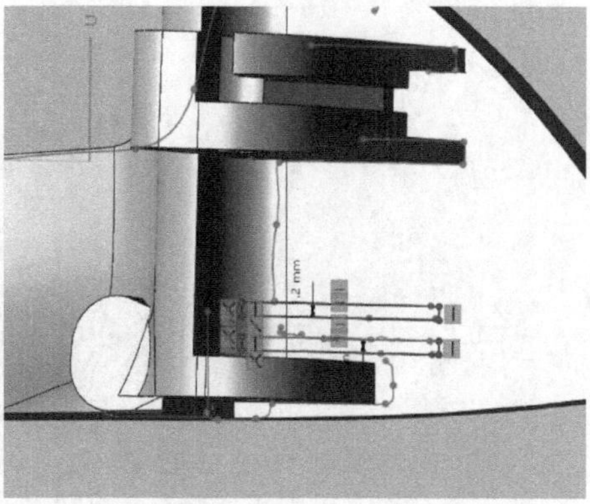	创建模型的特征Ⅳ

（续）

步骤	内　容	图　　示	操作说明
38. 实体拉伸Ⅵ	选择菜单栏中的【模型】→【拉伸实体】命令。 • 设置【轮廓】为草图Ⅷ。 • 设置【距离】为2mm。 • 设置【结果运算】为切割。 • 单击【√】按钮确认		
39. 倒圆角Ⅳ	选择菜单栏中的【模型】→【圆角】命令。 • 选中【固定圆角】单选按钮，对模型进行倒圆角，过程中可使用魔法棒功能自动探索半径值大小。 （注：自动探索的半径值需要手动调整为整数值。同时需要注意倒角顺序，倒角顺序不同倒出来的效果不同。请根据实物特征决定倒角顺序。）		

（续）

步骤	内　容	图　示	操作说明
40. 误差分析	建模完成后，单击右侧的【体偏差】按钮，即可查看色彩偏差图，将指针放在工件上即可查看到偏差数值		
41. 数据输出	选择菜单栏中的【文件】→【输出】命令，点选模型数据。单击【√】按钮确定，指定保存路径，即可输出数据		

内容总结

　　本篇以全国职业技能大赛赛题为案例，对格式为 .stl 的车门把手的面片数据进行逆向建模。通过观察实物制订建模流程，应用 Geomagic Design X 软件中的建模命令（例如绘制领域、面片拟合、曲面拉伸、曲面剪切、倒圆角等命令），完成从三角面片体到曲面体，最终封装成实体的整个逆向建模过程。

思考题

1. 如何控制面片拟合的曲率？
2. 手动对齐坐标系中的【3-2-1】选项与【X-Y-Z】选项分别适用于什么场合？
3. 曲面、面片、实体三者之间应该如何剪切？
4. 精度与曲面光滑应优先控制哪一个？

参 考 文 献

[1] 杨晓雪，闫学文. Geomagic Design X 三维建模案例教程 [M]. 北京：机械工业出版社，2016.
[2] 成思源，杨雪荣. Geomagic Design Direct 逆向设计技术及应用 [M]. 北京：清华大学出版社，2015.
[3] 成思源，谢韶旺. Geomagic Studio 逆向工程技术及应用 [M]. 北京：清华大学出版社，2010.